中国地震局地震科普图书精品创作工程

院士谈减轻自然灾害

火山灾害

VOLCANO DISASTER

陈颙 著

地震出版社

图书在版编目（CIP）数据

火山灾害 / 陈颙著. -- 北京：地震出版社，2018.5（2023.4 重印）
ISBN 978-7-5028-4954-2

Ⅰ.①火…　Ⅱ.①陈…　Ⅲ.①火山灾害 — 普及读物
Ⅳ.① P317.9-49

中国版本图书馆 CIP 数据核字（2018）第 044894 号

地震版　XM5524/P(5657)

火山灾害

陈　颙　著

责任编辑：董　青
责任校对：樊　钰

出版发行：地震出版社
　　　　　北京市海淀区民族大学南路 9 号　　　邮编：100081
　　　　　　　　发行部：68423031　68467991
　　　　　　　　总编室：68462709　68423029
　　　　　　　　http://seismologicalpress.com

经销：全国各地新华书店
印刷：河北文盛印刷有限公司

版（印）次：2018 年 5 月第一版　2023 年 4 月第 3 次印刷
开本：787×1092　1/16
字数：97 千字
印张：4.25
书号：ISBN 978-7-5028-4954-2
定价：58.00 元

版权所有　翻印必究
（图书出现印装问题，本社负责调换）

目录 Contents

什么是火山 1

    火山的形状 1

    喷火的山 6

    喷发的方式 8

    喷出的物质 10

    火山的大小 13

火山的喷发 14

    岩浆（Magma）是如何形成的 16

    岩石熔化形成岩浆的条件 18

    发生在汇聚板块边界的火山——太平洋火圈 19

    发生在发散板块边界的火山——大洋中脊 22

    大洋中的火山 23

火山的危害 24

    严重的灾害 26

    维苏威（Vesuvius）火山 28

    圣海伦斯（St. Helens）火山 30

    皮纳托博（Pinatubo）火山 32

    埃亚菲亚德拉（Eyjafjaalla）火山 35

研究火山的意义 36
    旅游资源 36
    农业资源 42
    矿产资源 44
    科学价值——地球深部的探针 46

中国的火山 50
    长白山天池火山 52
    云南腾冲火山 56
    黑龙江五大连池火山群 60

思考题 62

与火山有关的网站 62

致谢 64

什么是火山

火山的形状

火山是地下岩浆喷出地表形成的锥状、盾状及其他形状的山丘。和一般的连绵不断的山脉形状不同，火山大多是孤立的圆锥形的，它是由火山喷发时喷出的熔岩、火山灰和碎石落下后堆积而成的。在一般情况下，自由落下的熔岩、火山灰和碎石堆积成圆锥形火山。下图给出了日本富士山典型的圆锥形外貌。中国的火山，如长白山和腾冲火山，也都具有孤立的圆锥形的火山形状。

火山熔岩的黏稠度不高的时候，熔岩流可以快速流动很长的距离，形成的火山形状多为圆锥形。但在板块碰撞带的火山喷出的熔岩特别黏稠，流动缓慢，可能会堵住火山口，压力不断增加，直到发生爆炸性喷发，破坏了原来的火山锥，这时形成的火山口会偏离山体的形状。

火山大多是孤立的圆锥形。日本富士山（火山）具有典型的圆锥形外貌，海拔3 776m。有文字记载的喷发包括延历喷发（日本延历十九—二十一年）和公元864年（日本贞观六年）的喷发。最后一次喷发是在1707年（日本宝永四年），当时喷发的浓烟高达10km的平流层，在当时的江户（即东京）落下的火山灰有4cm厚。富士山附近现在仍不断观测到许多小地震活动，今后仍存在喷发的可能性（资料来源：NASA）

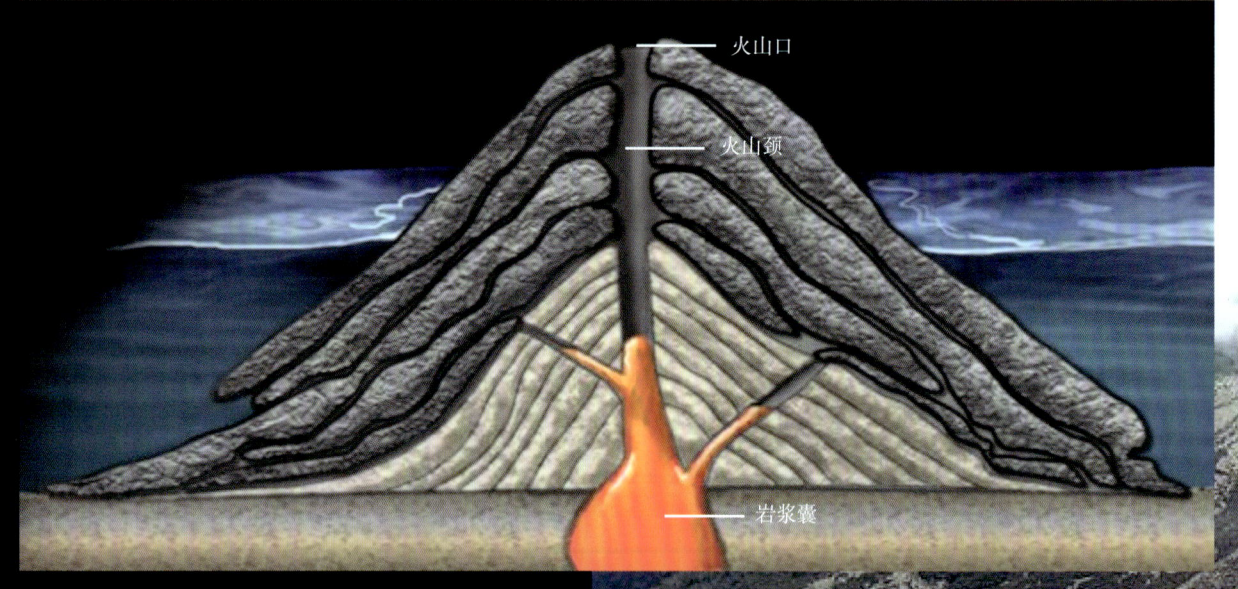

火山中心有火山口,它的下面有岩浆囊,火山颈是地下深处熔融状态的岩浆喷出地面的通道,喷出的火山物质落到地面上,形成了火山锥

航拍的萨尔瓦多的Santa Ana 火山口。大量物质由火山口喷发出来后,火山口下方物质亏损,发生塌陷,喷发结束后,火山口形成巨大的漏斗。长年积水后,形成火山口湖

1980年美国圣海伦斯（St. Helens）火山原高2 949.5m，喷发过程使火山口下降了450m（也有报道下降了400m左右）

(a) 美国圣海伦斯（St. Helens）火山口

(b) 中国云南腾冲火山口

(d) 非洲玛珥湖（Maar）火山口

(c) 中国海南海口火山口

(e) 中国北海涠洲岛火山口（news.makepolo.com）

一些火山口的形状

恶魔塔位于美国怀俄明州大平原区,原本是一座火山颈,1 500万年前喷发后,火山颈中充满了冷却凝固的火成岩,当时火山侵入岩的火山颈露出地表仅很少的高度,但因火成岩强度高,而沉积岩强度低,周围沉积岩长期剥蚀,这残留的火山颈现在高达264m,直径约300m,恶魔塔由垂直向的形状一致的许多岩柱组成,这与泥巴干裂时出现多边形裂缝的现象相似(图片来源:视觉中国 www.vcg.com)

(f) 埃塞俄比亚的厄塔·阿雷火山附近的熔岩湖——世界最壮观的熔岩湖之一

喷火的山

火山虽然名叫"火山",其实是没有火的。火山喷发不是山在燃烧,而是高热的岩浆从地下涌出来造成的现象。岩浆冲出地面的时候,温度很高,像火一样红,夜间还能映红烟云,辉煌夺目,远处看去以为看到了熊熊的火光腾空而上,这就是火山喷发,而喷出的岩浆在地面上冷凝后,就形成了火山。

火山(Volcano)一词源于意大利西南部一岛屿 Vulcano,意思为"锻冶之神的烟囱"。另一种关于"火山"一词的来源:西方以罗马神话中火神伏尔甘(Vulcan)的名字称呼地下冒火的现象。

火山按活动的情况可以分成三类:

活火山(Active Volcano):指现在还有喷发能力的火山;

死火山(Extinct Volcano):指史前曾发生过喷发,但有人类历史以来一直未活动的火山;

休眠火山(Dormant Volcano):有史以来曾经喷发过,但长期处于静止状态的火山。没有喷发活动的活火山也称休眠火山。

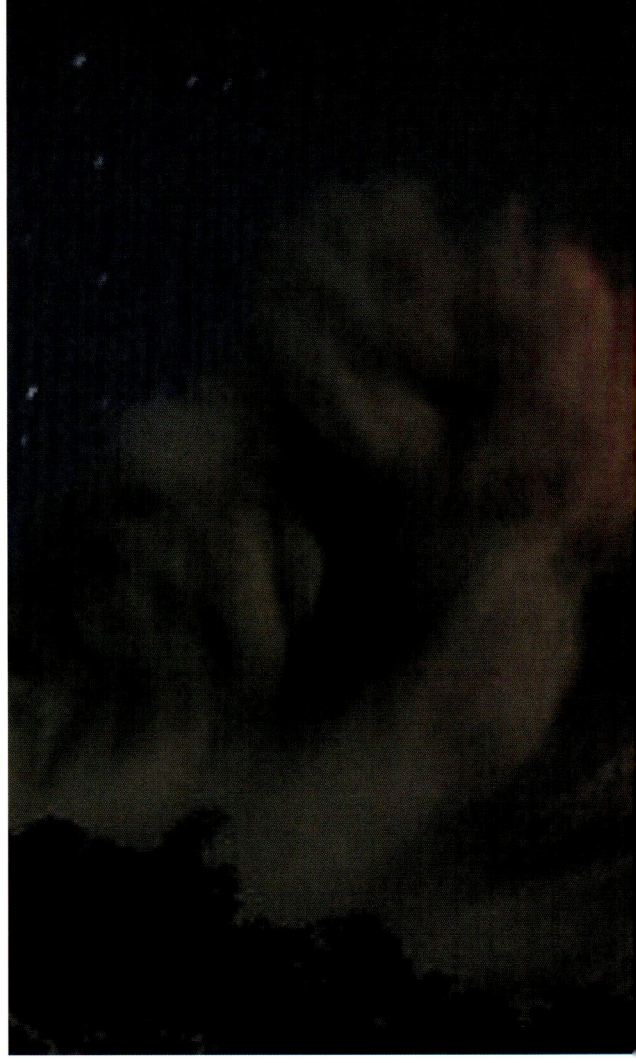

印尼爪哇岛的火山在2006年的一次喷发(美国《时代》周刊评选出来的2006年度最佳图片之一)

这种火山分类是一种模糊的分类,火山的"活"或"死"是相对的。有一些几万年来没有喷发过的"死"火山,由于地球内部的运动而重新发生喷发,变成了"活"火山。目前全世界尚无统一的确定火山"死""活"的科学标准,各个国家的历史记录有长有短,火山活跃程度也有所不同。中国比较普遍的认识是将1万年以来有过喷发的火山叫做活火山,而日本火山活动十分频繁,则将2 000年来有过喷发活动的火山称为活火山。

实际上,在火山下面是否存在活动的岩浆系统,应该成为判断火山活动的客观标准。目前世界各国的科学家正在朝这个方向努力。

如果地下的岩石由于温度升高或压力降低而发生熔化,则岩石的体积必定会增加。体积增大,和周围岩石相比,熔化的岩石密度变小,在浮力作用下向上运动。体积的增大,引起周围的围岩发生破裂,形成许多裂纹,岩浆沿裂纹上升,降压,形成越来越多的岩浆。正是这种上升过程产生的降压作用,上升的岩石熔化且黏滞性越来越小,最后就是火山喷发。大多数喷发的物质

会落在火山口的附近,形成圆锥状的火山,细小的火山灰可以被风吹到火山口附近几十千米的地方。极微小的火山喷出的粉尘能够进入大气层,随着对流风甚至可以飞到全世界的每个地方。

地下熔化的岩石叫做岩浆,当岩浆喷出地面后叫做熔岩。在地下几十千米深处,岩浆中含有大量的地壳中的元素,在上升过程中岩浆慢慢变冷,元素组合生成各种矿物,进一步上升和变冷,岩浆或者在地下固化形成深层的火成岩,或者喷出地面,固化形成地球表面的喷出岩。在地下固化的深层的火成岩由于冷却得慢,所以结晶完全,结晶的晶粒也较大。而喷出地面固化形成地球表面的火成岩,冷却极快,结晶不完全,岩石中有许多玻璃状(非结晶)的物质,或结晶晶粒较小。

(a)　　(b)

中国吉林伊通东尖山火山(a)喷发在很久以前(测年数据约1 000万年),属于死火山(中国山西大同的火山群也属于死火山);菲律宾的皮纳托博(Pinatubo)火山2006年喷发,意大利的维苏威火山(b)1944年喷发过,它们属于活火山,但近年没有喷发记录,也称休眠火山

喷发的方式

由于岩浆性质不同，喷发的火山物质也随之不同。化学成分、含有的气体以及温度等，均会影响岩浆喷发的方式，因而造就出迥异的地貌与火山类型。温度低的岩浆硅酸含量高，所以黏稠且流动缓慢。若是气体含量高，则岩浆在上升至地面时将产生猛烈的喷发，岩浆、气体、岩石碎块和火山灰等以接近声速的速度喷上天空30～50km的高度。相反地，假使岩浆硅酸含量低，上升过程气体逐渐流失，则喷发时仅仅会以熔岩的形式慢慢流出，其岩浆喷出地面往往比较平静，岩浆流静静地从火山口向四周流出。

火山喷发可按其猛烈程度分为爆发性和非爆发性两种。大部分爆发性火山喷发属于气体驱动的喷发。因为地球深部压力很大，所以大量的气体都溶解在岩浆之中。当岩浆向地面运动时，随着周围压力减小，加入水或其他挥发性物质将以气泡形式分离出来，这些气泡在数量和体积上累积得越来越多，帮助岩浆沿裂纹或其他通道更快地向地面运动。这时，含气泡的岩浆变成了含岩

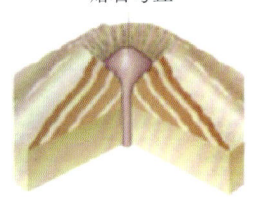

火山喷发方式之一——中心喷发，如圣海伦斯火山（来源：D.A. Clague (USGS)）

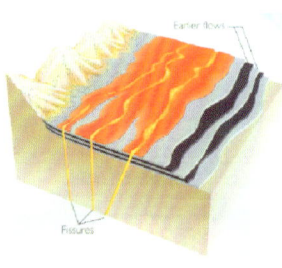

火山喷发方式之二——裂隙式喷发，如夏威夷群岛上的Manua Loa火山1984年5月的一次喷发（来源：D.A. Clague (USGS)）

浆的气泡，气泡把岩浆分隔成几块，沿火山颈向上运动。当岩浆出露地面的瞬间，气泡内高压的迅速膨胀使得气体的流速骤增，含岩浆气体以一个"大气柱"形式率先冲出地面，直入云霄，火山于是就喷发了。岩浆气体的喷发速度可以与声速相当，这样，就造成了火山爆发性的猛烈喷发。

当岩浆上升到地面并喷发时，由于压力的降低，几乎所有的溶解气体都释放出来。如果岩浆的黏滞性很小，溶解气体很容易从岩浆中跑出去，岩浆一边上升，气体一边释放，

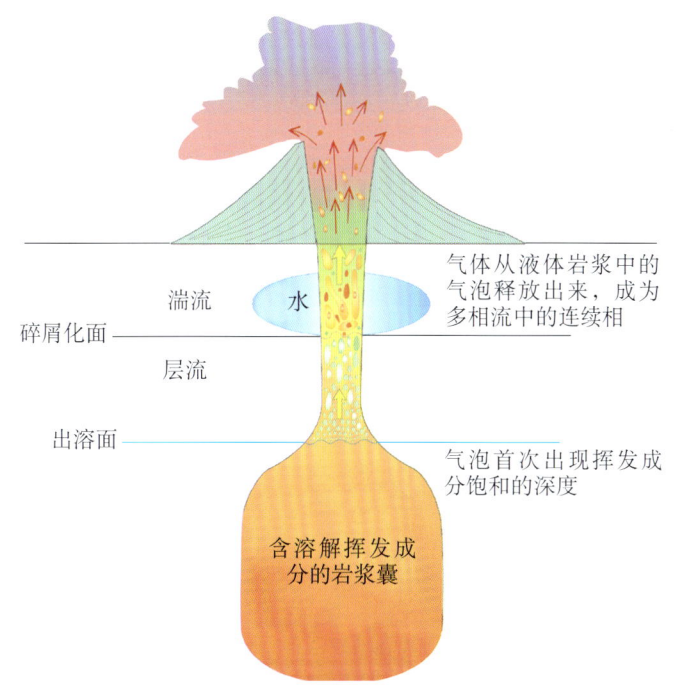

在爆炸式火山喷发中,岩浆向上喷出经过出溶面和碎屑化面之后,可以声速喷出大量熔岩碎屑和各种气体,形成喷发柱(根据McNutt,1996修改)

快到达地面时,气体几乎跑完了。反之,如岩浆的黏滞性很大,气体不容易从岩浆中跑出去,直到岩浆到达地面时,周围的压力突然减少,气体一瞬间都从岩浆中跑了出去。这时岩浆的喷发往往十分猛烈,气体带着岩浆、石块可以冲上几千米的天空。为了了解这种猛烈喷发的现象,我们可以做一个日常生活中的实验。打开一瓶可口可乐,用拇指紧紧按住瓶口,这时不断地摇晃瓶子,瓶子中的液体中溶有大量的二氧化碳气体,然后突然放开拇指,这时,液体中的二氧化碳瞬间释放了出来,带着许多液体,一起从瓶口冲了出来。这个实验与火山的猛烈喷发十分相似。当火山猛烈喷发时,气体从岩浆中跑出去的过程中,岩浆也迅速冷却,形成了多孔的一种岩石,叫做浮石(或泡沫岩)(Pumice),由于泡沫岩的孔洞太多,所以泡沫岩密度很小,比水还要小,放在水里,可以漂起来。依据在喷发过的火山附近能否找到泡沫岩,就能判断火山喷发的猛烈程度。

泡沫岩是一种很轻的多孔火成岩,它形成于火山的猛烈喷发过程。在一个喷发过的火山附近,能否找到泡沫岩,就可以知道火山喷发的猛烈程度。此图是中国长白山产的浮石照片(单位刻度:cm)

喷出的物质

火山喷出物质主要有三种：熔岩流（冷却后生成火成岩）、火山泥石流和火山灰。

(a)

(b)

(c)

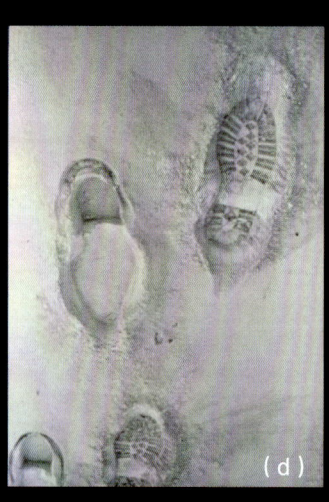
(d)

（a）火山喷发；（b）离火山口近处，熔岩流（冷却后生成的火成岩）；（c）火山泥石流；（d）离火山口远处，火山灰

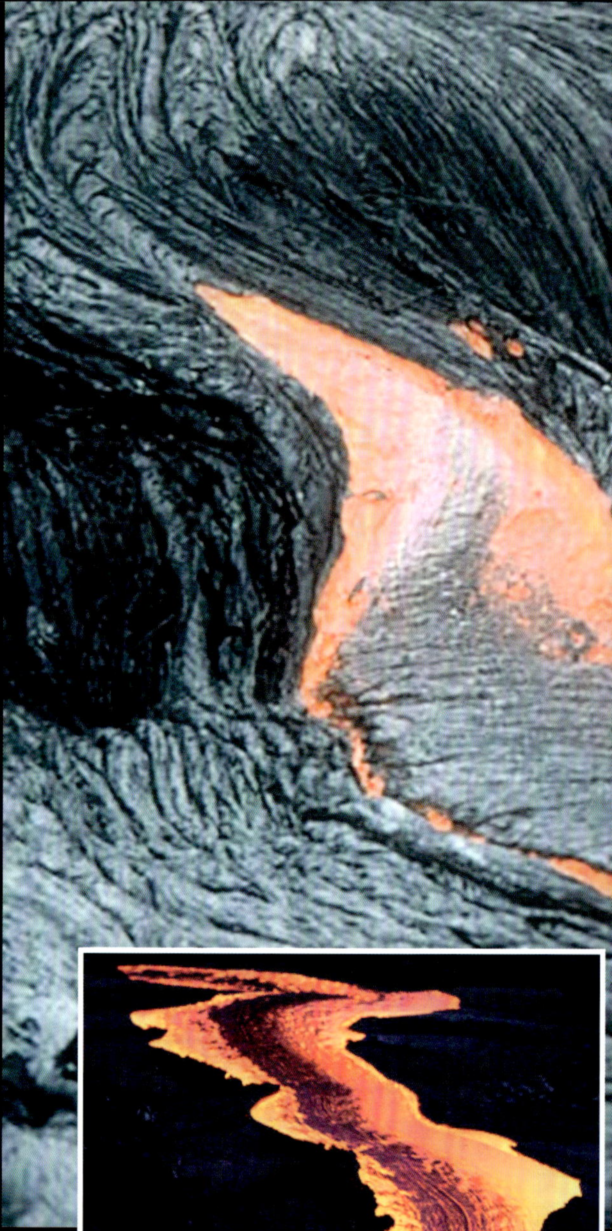

夜间拍摄的熔岩流照片
（来源：J.D. Griggs，USGS
（13 November 1985））

白天拍摄的熔岩流

科学家在测量熔岩的温度

熔岩温度

岩浆颜色	温度/℃
白色	≥1 150
金黄	1 090
橙	900
鲜红	700
暗红	600

火山泥石流的英文"lahar"出自印尼语，指含有大于25%火山物质的泥流（Mudflows）或碎屑流（Debris Flows）。火山泥流的稠度相当于新鲜的湿的混凝土。碎屑流与泥流相比，比较粗，同时黏性较小。两种类型的"流"都包含高浓度的岩石碎屑，使它们具有内在的强度，因而能搬运巨大的砾石、房屋、桥梁，同时在其通过的路径上施加特别强的冲击力。

人们行走在火山灰上（冰岛）

1980年圣海伦斯火山喷发的火山灰颗粒在电子显微镜下（SEM）放大200倍后的形状（来源：A.M. Sarna-Wojcicki，USGS）

（a）火山猛烈喷发阶段，大量物质由火山口喷出；（b）火山持续喷发阶段，火山喷出物质以气体为主；（c）喷发尾声阶段，气体沿火山口附近的大量裂隙喷出；（d）进入休眠阶段，大量物质喷出后，火山口附近地面下降，形成火山湖，火山进入休眠

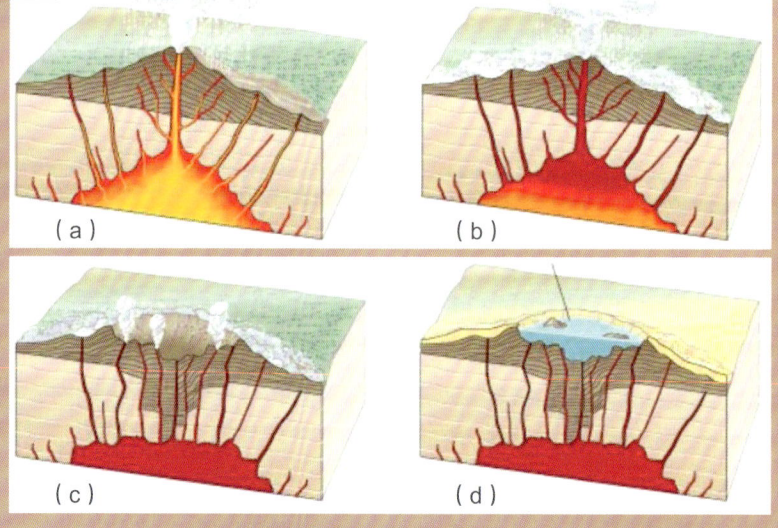

火山的大小

火山的大小用其喷出的岩浆或火山灰的多少来衡量。中等大小的火山有1980年美国圣海伦斯火山，喷出了0.5km³的岩浆。略大的是1991年菲律宾Pinatubo火山，喷出了约3km³的岩浆。历史有记载的1815年Tambora火山，喷出了50km³的岩浆，火山被削掉1000m，火山下陷以填充被空出的岩浆房，形成了一个直径7km、深1.3km的破火山口。地质史上，60万年前美国的黄石火山喷出了1000km³的岩浆，它的能量相当于几百万颗原子弹。

McClelland等人假定火山喷出的物质总体是一个球形几何形状，则该球体的半径r（km）就可以表示火山的大小。用N_c表示不同大小火山每年的喷发次数，他统计了过去200年的历史资料（圆圈）和1975—1985年间的仪器观测资料，得到了左下图所示的关系。从图中可以看出，从全球范围来看，火山越小，每年喷发的次数就越多，反之亦然。

火山喷发指数（Volcanic Explosivity Index）是1982年美国地质调查局（USGS）的钮豪尔(Chris Newhall)教授提出的，它是以喷出物体积、火山云等定量观测指标来度量火山大小的指数。火山指数是以火山喷发量，即喷出物质的数量（以体积为单位）为基数划分的，喷发量越大，喷发的规模也就越大，火山喷发指数也就越高。通常分8级，喷发量达到或超过10^3km³为8级、10^2km³为7级、10^1km³为6级……、10^{-3}km³为2级……

火山喷出的火山物质总体积V和不同大小火山每年的喷发次数N_c之间的关系（McClelland et al., 1989）。火山越小，每年喷发的次数就越多，反之亦然

火山喷发指数

火山喷发指数	喷发物体积
0	<10 000m³
1	>10 000m³
2	>1 000 000m³
3	>10 000 000m³
4	>0.1km³
5	>1km³
6	>10km³
7	>100km³
8	>1 000km³

火山的喷发

火山喷发是高热的岩浆从地下涌出地面的现象。现在要问：地下的岩浆是如何形成的，岩浆又是如何从地下喷出地面的？

地球形成后，经过长时间的冷却，大部分变成了固态的岩石，并形成了圈层结构，最重的物质集中到了中心部位（地核），外面包着厚厚的岩石圈和一层薄而脆的地壳。地球内部的核反应放出的热使岩石温度比它们正常熔点要高得多，但是地球内部的巨大压力又使岩石维持固体状态。地球内部深处的岩石比熔岩要热得多，多年巨大的压力使它保持着固态。就像一瓶可口可乐饮料，只要顶部的盖子还盖着，瓶内的高压能使它保持液态。一旦打开瓶盖使压力释放，有些液体就变成了气体，从顶部嘶嘶地冒出来。

岩浆（Magma）是如何形成的

人们自然的想法是，地球深部是岩浆，通过地球表层固态岩石的缝隙喷出地面，这不就是火山的成因吗？事情远不是这么简单。地球表面的岩石层厚度几百千米，经过这样长的喷出路径，来自地下几百千米的岩浆早已冷却了，又如何喷出地面呢？正确的答案是：岩浆产生在地球表面的岩石圈内，是由固体的岩石转化而来的。转化的原因，是地球不断的内部运动。原生的液态地球，经长时间的演化，在外部形成了整体的固态岩石圈。在演化过程中，固态岩石圈中又形成了局部液态的岩浆囊。自然界的这种变化反映了自然现象的复杂性。

地球上与火山有关的火成岩主要有三种：玄武岩、闪长岩和花岗岩，见下表。这些岩石，可以以固态存在，也可以以液态存在，全部取决于温度、压力、水含量等外部环境条件。火山喷出的岩浆，不是地下深部的液态岩浆，几乎全部是由地下固体的岩石熔化而形成的。

区分固态和液态，主要看物体的流动性。

火成岩的主要类型

岩浆的种类	未喷出地面形成的深成岩	喷出地面形成的岩石
$SiO_2<55\%$	辉长岩	玄武岩
$SiO_2=55\%\sim65\%$	闪长岩	安山岩
$SiO_2>65\%$	花岗岩	流纹岩

液体的流动性用黏滞性（viscosity）来描述。水容易流动，说明它的黏滞性小；蜂蜜比水不容易流动，说明它的黏滞性比水大。岩浆的黏滞性就像热天时的冰淇淋。岩浆是否容易流动，主要受三个因素的影响：

（1）温度越高，岩浆的黏滞性越小，越容易流动，如流纹岩600℃的黏滞系数比900℃时大5个数量级（所谓温度的高低是和熔化温度相比）。

（2）SiO_2含量低（硅酸低），岩浆容易流动。因为SiO_2的分子键较为牢固，因此同样条件下，玄武岩岩浆（含SiO_2少）要比流纹岩岩浆（含SiO_2多）容易流动。

（3）岩浆是流动的液体和由该液体结晶出来的固体矿物的混合物，固态矿物含量越少，岩浆越容易流动。

表4 三种火山岩类型比较

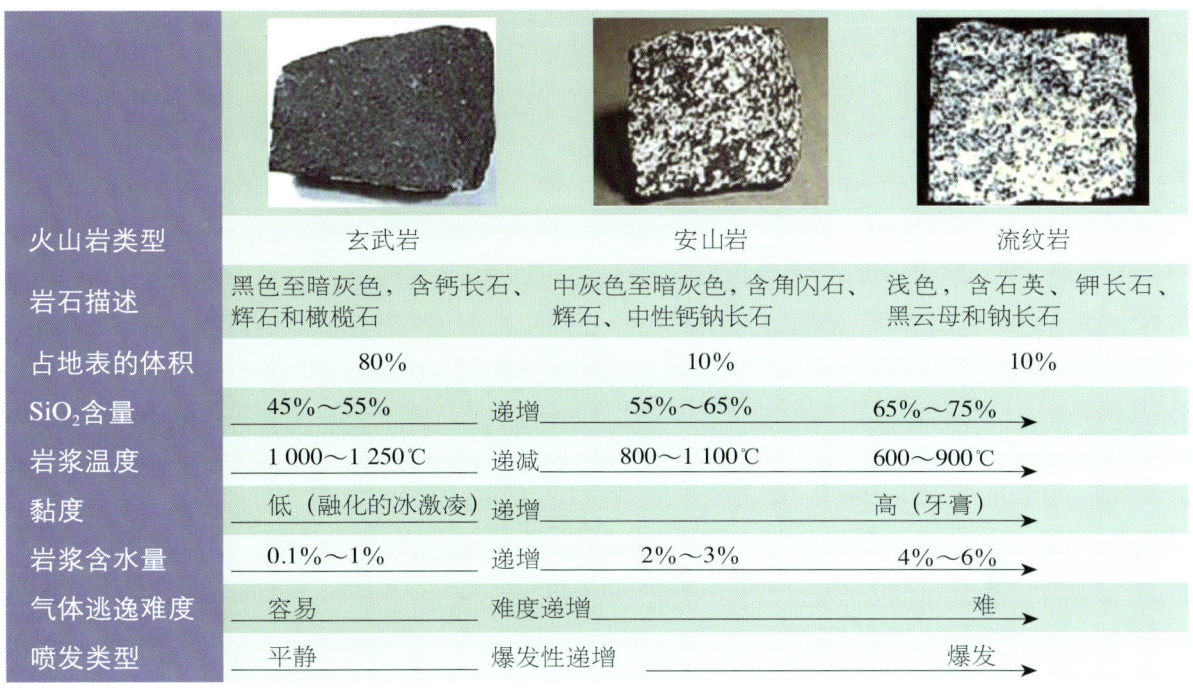

火山岩类型	玄武岩		安山岩	流纹岩
岩石描述	黑色至暗灰色，含钙长石、辉石和橄榄石		中灰色至暗灰色，含角闪石、辉石、中性钙钠长石	浅色，含石英、钾长石、黑云母和钠长石
占地表的体积	80%		10%	10%
SiO_2含量	45%～55%	递增	55%～65%	65%～75% →
岩浆温度	1 000～1 250℃	递减	800～1 100℃	600～900℃
黏度	低（融化的冰激凌）	递增		高（牙膏） →
岩浆含水量	0.1%～1%	递增	2%～3%	4%～6%
气体逃逸难度	容易	难度递增		难 →
喷发类型	平静	爆发性递增		爆发 →

许多岩浆中含有气体。气体在岩浆中的溶解度随压力的增加而增加，随温度的增加而减少。如果以一听可口可乐为例，这就非常容易理解。

当我们考察地壳中三种主要的火山喷出岩——玄武岩、安山岩和流纹岩时，就可以掌握火山的行为了，见上表。玄武岩SiO_2含量小，因此它的黏滞性较小，最容易流动，容易从地球的深部向上流动。而SiO_2含量高的花岗岩，不容易流动。因此，在地面上看到的80%的火山喷出岩都是玄武岩，而流纹岩则不到10%。大量的花岗岩未能喷出地面，在未到达地面时就冷凝了，结晶形成了花岗岩；喷出地表的就形成了流纹岩。

SiO_2含量的多少决定着岩浆的黏稠度。SiO_2多，岩浆就特别黏，就不容易流动，并把一些气体裹在里边，一旦爆发，爆发力就特别强；要是SiO_2含得少，里面含其他金属，如铁、镁、钙，这些金属含量比较多的时候，岩浆就比较稀，流动性就比较强，爆发力就不强了。由此决定了火山喷发的不同类型。

岩石熔化形成岩浆的条件

岩浆是由地下的岩石熔化而形成的，岩体熔化可以通过以下三个条件实现：

（1）加水：水和其他挥发性物质进入岩石，将降低岩石的熔点，使岩石由固态向液态转化；

（2）减压：岩石所受压力减少，可促使它由固态向液态转化；

（3）加温：岩石所受温度增加，将由固态向液态转化。

因此，岩浆形成的方式有三种。一是加入外来水引起岩石熔化。外来水可能来源于俯冲带沉积物和岩石的脱水。实验结果表明，如果有外来水的加入，岩石的熔点就会降低。二是减压，即岩石周围压力减少。岩石熔化的温度与岩石受的压力密切有关，压力越大，岩石的熔化温度就越高。由于对流，在大洋中脊，地幔上涌，因此压力降低，上涌的岩石熔化，形成岩浆，这是大洋中脊岩浆的成因。实际上，大多数岩石的熔化是压力减少所致。假定有一块地幔中的岩石慢慢上升，其周围的压力逐渐降低，无需再向这块岩石加热，它就会逐渐发生熔化，这叫做降压熔化（decompression melting）。大多数岩石熔化形成岩浆，都是这种降压熔化。第三，岩石受到加热，熔化也可以生成岩浆。在俯冲带，冷的致密的大洋岩石层向地球内部俯冲，受到加热，同时发生脱水，这就是俯冲带岩浆形成的主要成因。

在软流圈，有一些非常热的岩石已经接近于熔化状态，它们可以流动，但却没有熔化，这些岩石就构成了产生岩浆的岩石源泉。上升过程中，熔化过程是逐步完成的，经历了部分熔融—全部熔化的过程。

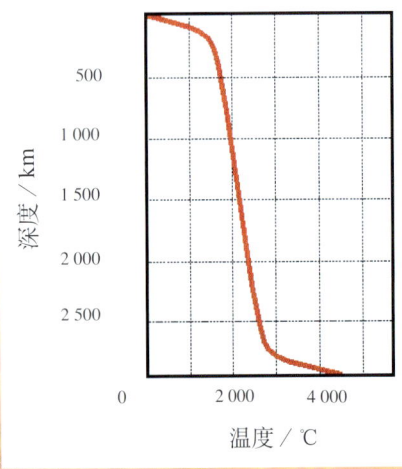

地球内部温度随着深度的增加而不断升高，纵坐标是地下的深度（km），横坐标是地下的温度（℃）

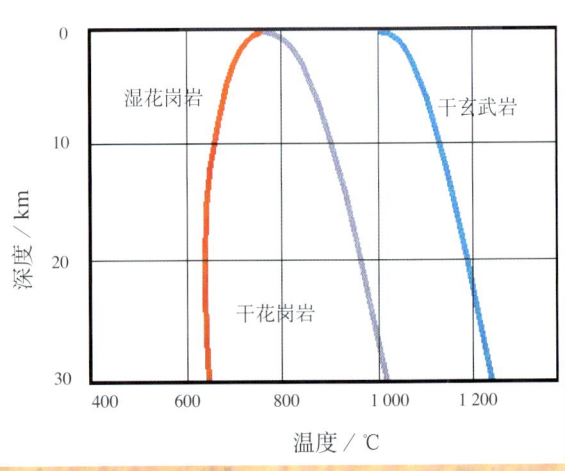

岩石的熔化曲线。每种岩石都有自己的熔化曲线。在曲线的左方，岩石以固相存在；在曲线的右方，同一种岩石以熔体存在。图中花岗岩的熔化曲线有两条，如果在某一深度，花岗岩的温度在干和湿两条曲线之间，对于干花岗岩是处于固相，对于湿花岗岩则是处于液相

发生在汇聚板块边界的火山——太平洋火圈

"加水""减压"和"加温"三种作用都可以形成地下的岩浆，但岩浆形成后，出露地面的方式大有不同。"加水"多引起大陆地区的火山喷发，而"减压"多是长期缓慢的，可以产生火山，但很少形成喷发。"加温"主要引起海洋的海底火山喷发。

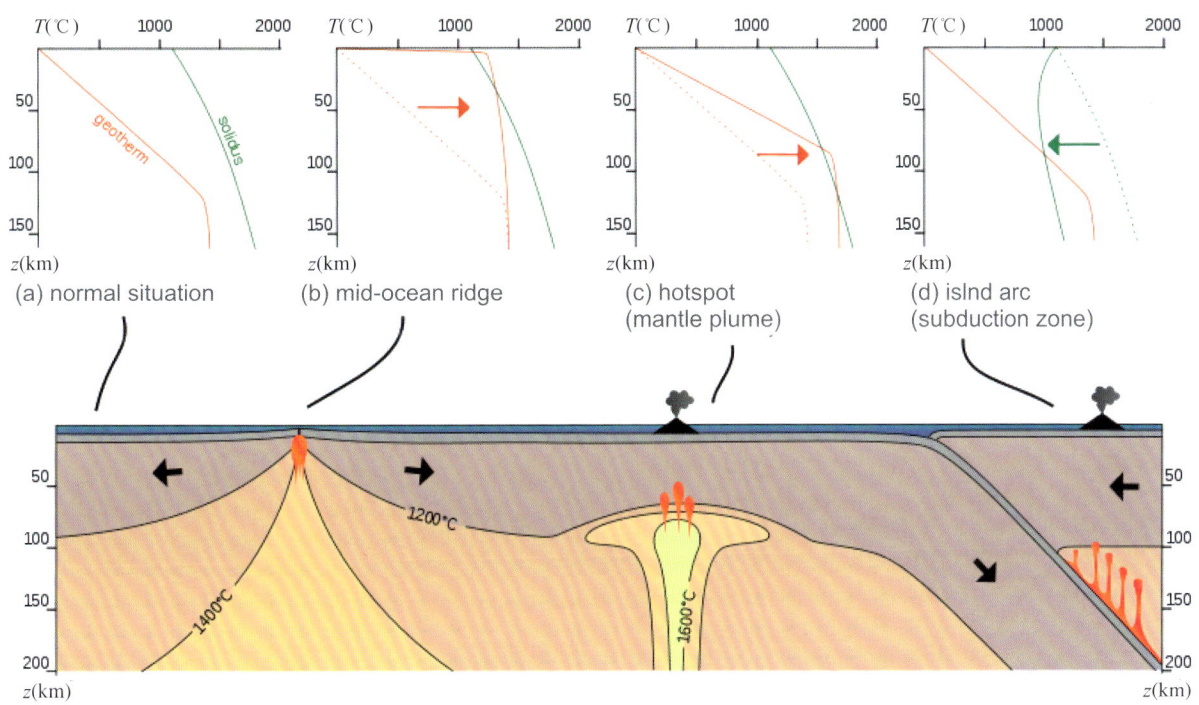

火山的喷发。（a）表示正常的状态，红线是温度随地下深度的变化，绿线是岩石的熔化曲线，绿线左方代表固态，绿线右方则为液态，正常岩石温度随深度增加，但仍在绿线的左方，故以固态形式存在；（b）在大洋中脊，岩石温度随深度急剧增加（偏离了正常状态，如红线所示），50km内的岩石由固态变成了液态；（c）由于来自地球深部的高温地幔柱的加热，地幔柱上方的岩石被加温（也偏离了正常状态，如红线所示），100km深的岩石由固态变成了液态；（d）在两个汇聚板块的俯冲带上，地温曲线是正常的（红线），但由于海洋板块向地下深处俯冲时岩石发生的脱水作用，产生了"加水"的效果，岩石的熔化曲线发生了变化，在约100km的深处，岩石由固态变成了液态

我们先来看由于"加水"作用引起的火山喷发。

地球最外层是一层坚硬的岩石外壳，叫做岩石圈。岩石圈破碎成为一些巨大的岩石圈板块。岩石圈下面的介质，强度较小，在长时期的构造应力作用下，可以发生塑性变形，叫做软流圈。于是，岩石圈板块漂浮在软流圈上可以发生运动，这就是板块理论。绝大多数地质活动都发生在两个板块之间的边界上。两个板块沿着边界发生相对运动。按照运动的方式，可以把板块边界分成三类。第一种是发散边界，又称生长边界，是两个相互分离的板块之间的边界。第二种是汇聚边界，又称消亡边界，是两个相互汇聚、消亡的板块之间的边界。第三种是转换型边界，在此边界，两侧板块做平行于边界的走滑运动，岩石圈既不增生也不消亡。火山的发生与板块运动和板块边界有密切的关系。

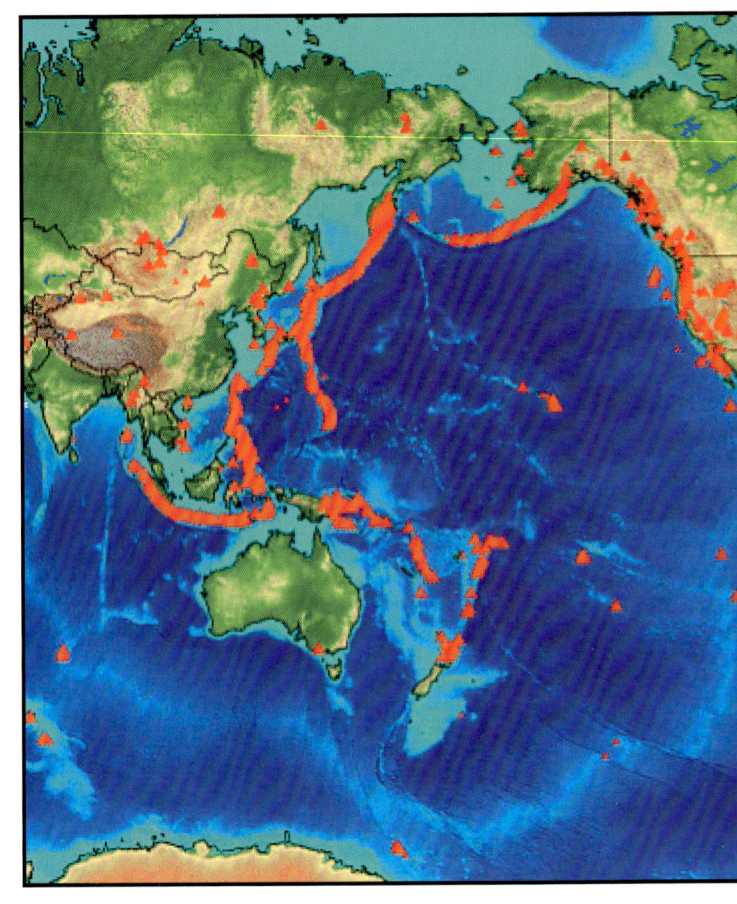

全球火山分布图（火山位置用红色三角表示）。汇聚板块环绕太平洋，因此环太平洋周围集中了世界大部分活火山，被人们称为"地球的火圈"（来源：SI (http://www.volcano.si.edu/world/find_regions.cfm)）

岩浆形成——俯冲带的脱水促进上部岩石的熔融，形成火山

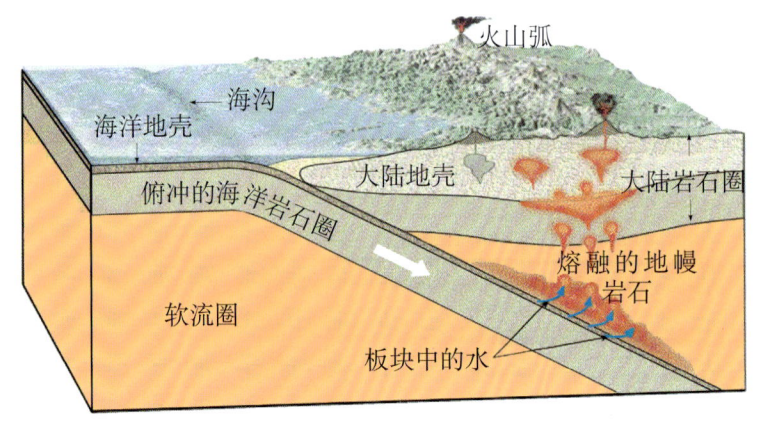

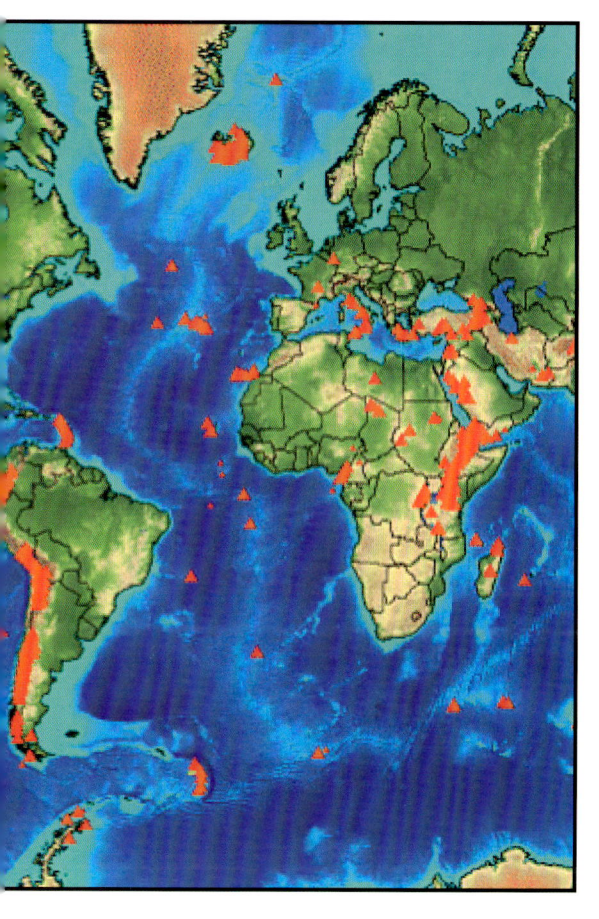

"加水"作用主要发生于沿汇聚板块的俯冲带上,并形成火山带。全世界大约60%的火山都集中在环太平洋周围和印度尼西亚向北经缅甸、喜马拉雅山脉、中亚细亚到地中海一带,现今地球上的活火山80%都分布在这两个带上。特别是环太平洋周围集中了世界大部分活火山,因而被称为"地球的火圈"(Ring of Fire)。这些地带(除了美国西部以外)大部分是板块的汇聚边界。

板块的汇聚边界有两个特征:一是当海洋板块和大陆边界发生碰撞时,海洋板块插到大陆板块下面,形成很深的海沟;二是在大陆上,平行于海沟走向出现许多链状排列的火山。

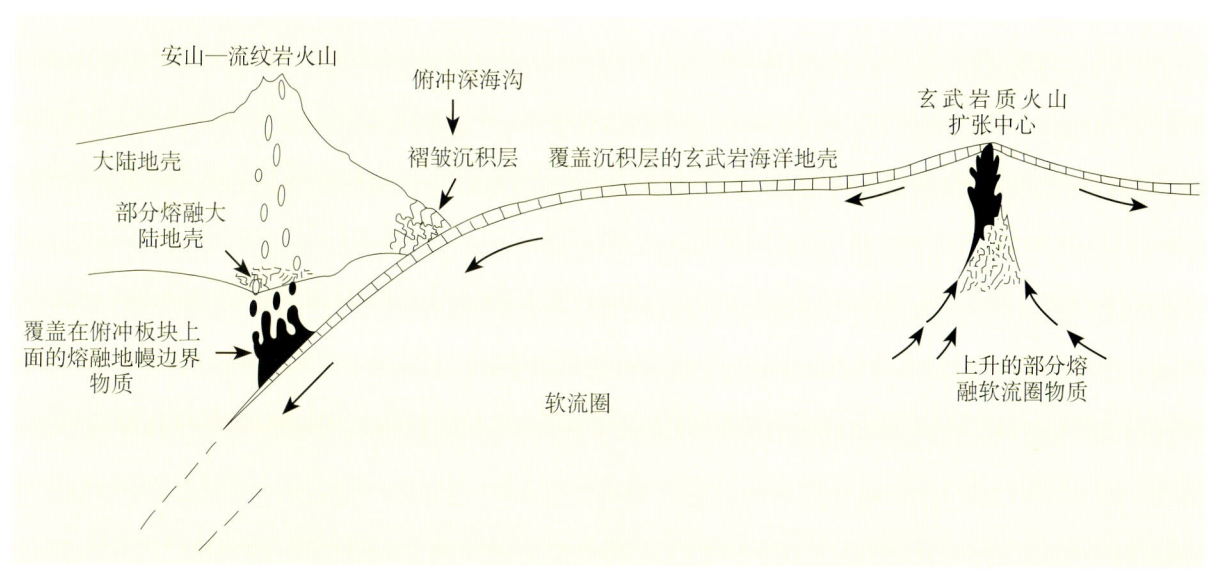

在板块汇聚边界,海洋板块俯冲到大陆板块下面,俯冲板块随着温度增高(地表以下200km的温度大约1 500℃),和海洋板块的脱水作用,部分岩石熔融产生岩浆,密度小的岩浆向地表上涌,浮升过程中因为压力的降低和体积的增大,会再熔化掉一些岩石并使岩石裂缝增加。这些岩浆顺着地下岩石裂缝,或在上升过程中未到达地表而凝固,形成深成侵入岩;或找到通达地表的途径后喷出地表,形成火山岩。爆发时所喷出的熔岩大都来自地表下100~300km的地方。考虑到地球的半径大约6 400km,我们更加清楚地认识到岩浆产生在地球表面的岩石圈内

发生在发散板块边界的火山——大洋中脊

我们再来看看"减压"作用引起的火山喷发。

"减压"作用是地下的岩浆沿发散边界流出。发散边界,又称生长边界,是两个相互分离的板块之间的边界。大洋中脊是典型的板块发散边界。大洋中脊轴部是海底扩张的中心,由于软流圈物质在此上涌,两侧板块做垂直于边界走向的相背运动,上涌的物质冷凝形成新的洋底岩石圈,添加到两侧板块的后缘上。这种火山岩浆的溢出大多是连续的,而没形成火山喷发。

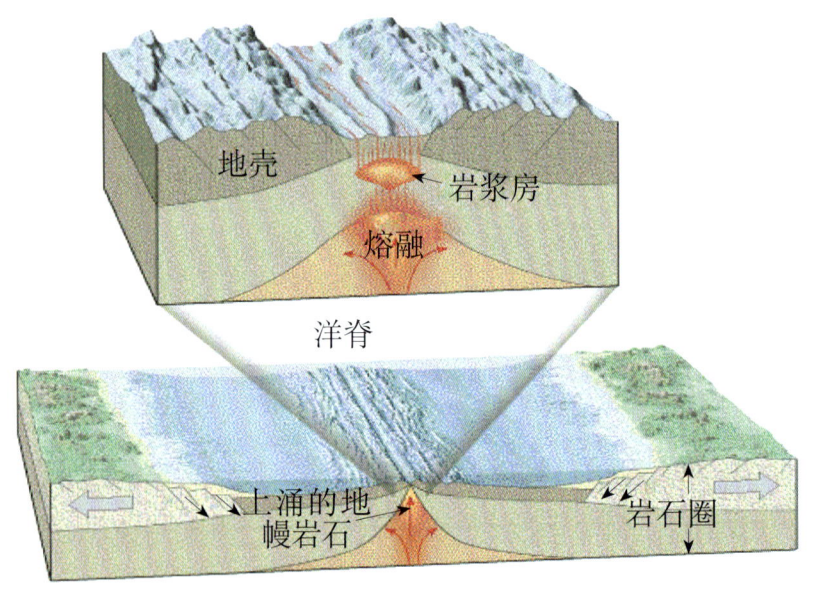

岩浆形成——压力降低导致岩石熔点降低,形成的岩浆沿发散边界流出,形成新的海底的火成岩。这种岩浆的流动是缓慢而连续的,很少形成火山喷发

海底平顶山。大洋中脊是海底扩张的中心,由此间断性喷溢而出的火山熔岩,形成队列式排列的海底火山群,原来是露出海面的火山岛,后来由于海水长时间的侵蚀(离大洋中脊越远,形成的时间越长),山头部分被"削"平。第二次世界大战期间,普林斯顿大学教授赫斯(Hess)发现了数量众多的海底平顶山,大都在200m水深以下,有的甚至在2 000m水深处

大洋中的火山

最后来看看"加温"过程对火山形成的作用。

在大洋里,很多岛屿都是火山喷发形成的。夏威夷群岛就是一个很典型的火山活动带。太平洋的很多海底山和火山岛呈线状排列,地质研究已经证明,这些呈链状分布的岛屿和海底山并不是由同期的火山活动引起的,这些岛屿的分布具有离洋中脊越远年代越老的特征。20世纪末出现的地幔柱理论很好地解释了这些现象。地幔柱是一些从地球深部长向地球浅部的巨大岩石柱体,它们的温度很高,对其上部的岩石可以加热。按照海底扩张理论,洋壳岩石圈在水平方向移动,但作为加热点的地幔柱是不动的。因此在岩石圈板块移动过程中,板块上不同的点将因地幔中称为"热点"的加热而发生部分重熔。有人把热点比喻成吸烟斗,吸一口烟时,烟头总会红一下,这个过程就像地球吸一口气,地面上就出现一些个热点对流。"地幔柱"留在原地不动,太平洋板块从它上面经过并继续移动。较老的火山从"地幔柱"上移开,火山作用渐渐熄灭。火山岛在移动过程中逐渐下沉就形成了沉没的海底火山链。夏威夷群岛——天皇海岭就是实例。这些火山的物质来源于地幔深部。

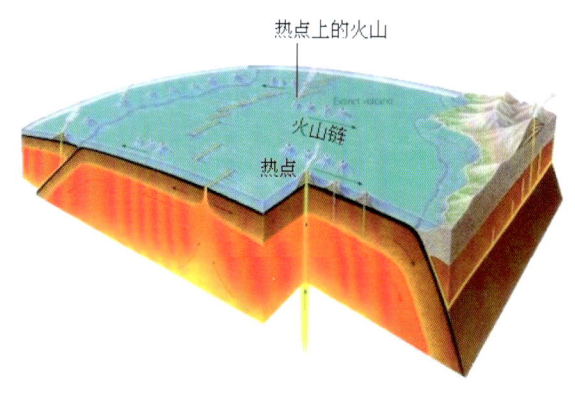

"地幔柱"(hot spot)留在原地不动,太平洋板块从它上面经过并继续移动(箭头所示)。火山岛在移动过程中逐渐下沉就形成了沉没的海底火山链(图中E、D、C、B、A等),夏威夷群岛就是实例。这些火山的物质来源于更深的地幔深部。离"地幔柱"越近,海底火山的年龄越年轻。以百万年计:E: 0.8;D: 0.5～1;C: 1.25～2;B: 2.25～3.25;A: 3～5.5

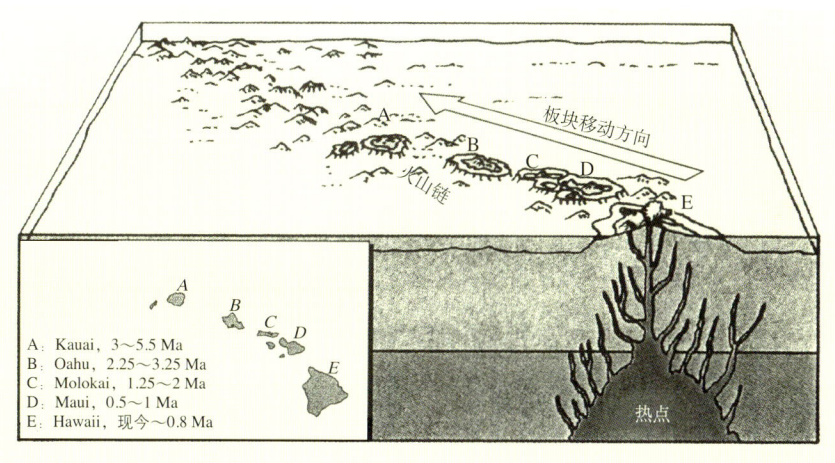

A: Kauai, 3～5.5 Ma
B: Oahu, 2.25～3.25 Ma
C: Molokai, 1.25～2 Ma
D: Maui, 0.5～1 Ma
E: Hawaii, 现今～0.8 Ma

火山的危害

全球陆地上已知的活火山（包括正在喷发的和最近1万年喷发过但现在已休眠的）超过1 500座，海底火山更多，但目前还不能进行完全统计。

火山不是天天都在喷发，往往有几百年甚至上千年的休眠期。对于这种百年一遇或千年一遇的灾害，人们往往丧失了必要的警惕。火山又多具有孤立的形状，周围是比较平坦的地形，火山产生其周围肥沃的土壤，是理想的农业区。火山周围居住着大量的人口，一旦火山突然喷发，就会在其周围形成巨大的灾害。

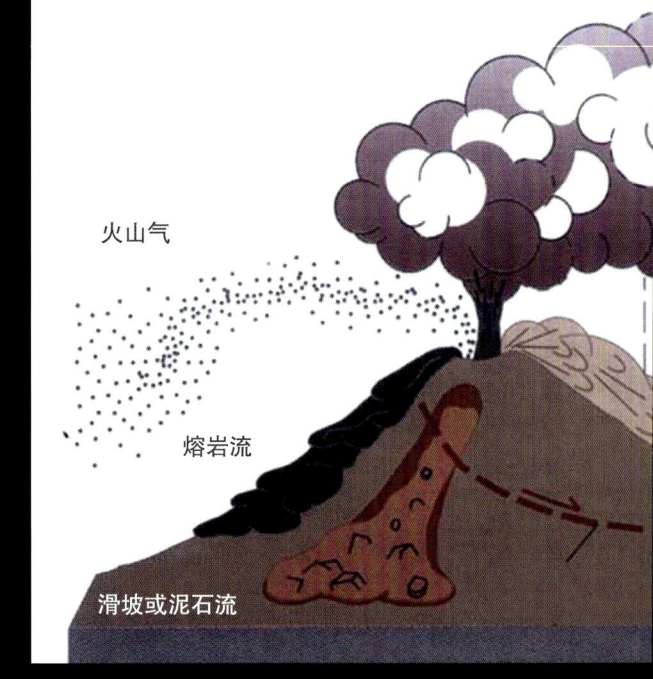

火山喷发造成的崩塌、地震、海啸、冲击波和产生的熔岩流、碎屑流、泥石流、火山灰、酸雨等对生态环境、建筑以及生命财产会造成很大破坏。火山喷发后，火山高度降低形成山体形状

(a)

(b)

1986年8月21日凌晨，喀麦隆尼奥斯湖突然喷发，水柱的喷发速度每小时达100km，充斥着高浓度二氧化碳的高密度云气迅速笼罩四周，高度达120m以上，并形成约50m厚的致命云层，笼罩半径超过23km。（a）湖中因二氧化碳浓度过高，变得十分浑浊（来源：百度百科）。（b）因为这种气体比空气重，所以它紧贴地面，像云一样沿着火山壁

火山灰的降落

火山碎屑流

　　1815年4月15日印度尼西亚森巴瓦岛（Sumbawa）上坦博拉火山（Mount Tambora）爆发，喷出的火山灰总体积多达150km^3，这是人类历史上最大规模的火山爆发之一，火山爆发指数（VEI）为7，而且抵达高至44km的平流层。1万多人死于火山碎屑流，更多的受害者饱受其后饥饿与疾病的摧残。

　　受坦博拉火山爆发的影响，火山灰笼罩着大半个地球达一年之久，全球温度在之后一两年下降了大约0.4～0.7℃。1816年全球气候甚至出现了严重的异常，北半球尤其严重。1816年是自1400年以后北半球最寒冷的一年，夏季出现了罕见低温，欧洲、北美洲及亚洲都出现了灾情，欧洲及美洲农业生产受影响尤甚。

　　在中国，1816年（嘉庆二十一年）夏天，农历八月"天气忽然寒如冬"，云南全省出现了严重饥荒，昆明及滇西等地此后连续三年冬天降雪；东北黑龙江农历七月出现严重霜冻，作

■ 严重的灾害

有一些火山喷发甚至可能改变了人类的文明。公元前16世纪地中海一次火山喷发毁灭了地中海岛上的米诺文明。公元79年意大利维苏威火山喷发埋葬了古罗马的庞贝等两个城市。1980年美国的圣海伦斯火山喷发将山脉的高度削掉了400多米，夹带着大大小小岩石碎片的炽热的火山碎屑流的运动速度超过了台风，达到了700km/h，这种自然破坏力令人惊心动魄。1991年菲律宾比那脱普火山喷发，导致200多人死亡和十亿美元的损失，摧毁了美国在菲律宾的克拉克空军基地，削弱了美国在东南亚的军事影响力。

下表给出了从1800年至今造成千人以上死亡的火山喷发事件。

从1800年至今造成千人以上死亡的火山喷发事件

火山	国家	发生时间（年份）	导致死亡人数	
			喷发	火山泥石流和海啸
Mayon	菲律宾	1814	1 200	
Tambora	印度尼西亚	1815	12 000	
Galunggung	印度尼西亚	1822	1 500	4 000
Mayon	菲律宾	1825		1 500
Awu	印度尼西亚	1826		3 000
Cotopaxi	厄瓜多尔	1877		1 000
Krakatau	印度尼西亚	1883		36 417
Awu	印度尼西亚	1892	1 532	
Soufriere	圣文森特	1902	1 565	
Mt. Pelee	马提尼克	1902	29 000	
Santa Maria	危地马拉	1902	6 000	
Taal	菲律宾	1911	1 332	
Kelud	印度尼西亚	1919		5 110
Merapi	印度尼西亚	1930	1 300	
Lamington	巴布亚新几内亚	1951	2 942	
Agung	印度尼西亚	1963	1 900	
El Chichon	墨西哥	1982	1 700	
Nevado del Ruiz	哥伦比亚	1985		23 000

（资料来源：A report by the task force for the International Decade of Natural Disaster Reduction, published in Bull. Volcano. Soc. Japan, Series 2, Vol.35, No. 1(1990): 8095.)

1980 年 5 月 18 日，圣海伦斯火山喷发时的情形
（资料来源：USGS）

维苏威（Vesuvius）火山

维苏威火山位于意大利西南部、那不勒斯以东12km的那不勒斯湾东岸，海拔1 277m。维苏威火山是欧洲大陆唯一的一座活火山。火山地区的基岩为侏罗纪—白垩纪的石灰岩和第三纪沉积岩。火山活动开始于更新世晚期，呈对称的圆锥形层状火山锥，主要由白榴石碱性玄武岩质熔岩流同火山碎屑物的互层构成。

公元79年8月24日，维苏威火山突然爆发，火山灰埋没了庞贝城，火山泥流覆没了赫尔库拉纽姆城（Herculaneum）。虽然在公元63年维苏威就有了一些火山喷发的前兆——群震出现并且造成了一些破坏，但是数百年来人们一直认为它是一座死火山，看着山坡上和火山口的植被郁郁葱葱、长势喜人，谁都没有想到它会突然喷发，并且在短短的几天内，用它火热的火山灰（ash）和火山尘（dust）将毫无防备的两座城市彻底掩埋。火山大爆发把庞贝城埋到深3~6m的地下，约2 000人死亡，占当时全城人口的1/10。过了将近1 700年，直到1748年，人们才发现了这座古城的一段外城墙，现代考古工作随后展开，古城风貌得以重见天日。维苏威火山在公元79年后仍然间歇性地发作，除了许多小的爆发，主要的几次喷发发生在1631年、1794年、1872年、1906年和二战期间的1944年。

公元79年的维苏威火山爆发后，小普林尼（Pliny）给古罗马历史学家塔西佗（Tacitus，古罗马元老院议员，历史学家）写了两封信，信的主要内容是关于此次火山喷发的精确描述和一些记录，信里同样提到了他的叔叔老普林

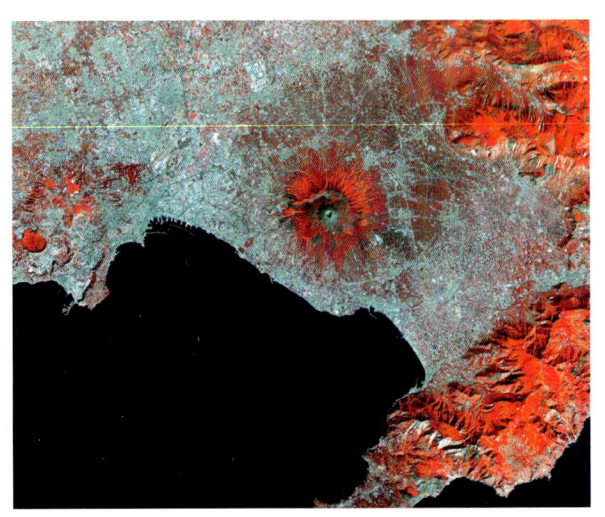

意大利南部的维苏威火山（航空照片），公元63年、79年、1631年、1794年、1872年、1906年和二战期间1944年多次喷发，是比较年轻的活火山
（来源：NASA/GSFC/MITI/ERSDAC/JAROS, and U.S./Japan ASTER Science Team）

尼（Pliny the Elder，23—79，罗马学者）在火山爆发中遇难的事。这两封信被认为是火山科学的起源。

真正对火山现象进行科学研究是在19世纪，是在物理学、生命科学的革命和一门新兴学科——"地质学"的兴起潮流中得到发展的，并于1847年在维苏威建立了观测站，开始对这个曾经埋没了繁华的火山进行连续监测。

公元79年，维苏威火山的爆发在一瞬间将庞贝城在时空中掩埋和凝固。火山喷出的有害气体使得庞贝城中居民死亡，埋在火山灰中。挖掘时，从固化的火山灰中，用灌入石膏的方法恢复了遇难者的死亡状态

公元79年8月24日，火山喷发，18小时内，庞贝这座城市消失，喷发物最厚23m。17世纪末，人们才把部分古老城市从地下挖掘出来，目前城市的大部分仍在地下

1944年，维苏威火山再度喷发

圣海伦斯（St. Helens）火山

圣海伦斯火山（St. Helens）位于美国西部华盛顿州，北纬49.20°，西经122.18°，海拔2 549m（原先海拔2 949.5m）。

该区位于北美板块和太平洋板块的交界地带，属于环太平洋火山地震带东支的中段。在地质历史时期，火山活动频繁，以裂隙式喷发为主，基性玄武岩覆盖面积达50万km^2。

1980年3月27日圣海伦斯火山在沉睡了一个多世纪后（1857年爆发过）苏醒，5月18日、25日和6月12日、7月23日又几次剧烈地大爆发。喷出的火山烟云高达20 000m高空。山头被削去400多米（图4），降落的火山灰约60万吨，殃及美国6个州。融化的雪水和火山灰、沙石混在一起，汇成沸腾的泥浆，顺山谷而下，时速达每小时80km，横扫一切房屋、桥梁。当时5 000km公路瘫痪，附近的机场、商店和学校被迫关闭。这一次爆发和地质历史上的裂隙式喷发不同，喷出的熔岩是中酸性的，二氧化硅含量多，黏性较大，喷发能力强。最终造成了57人死亡和失踪，经济损失达到12亿美元。

不过，这也是一次成功的火山研究和火山灾害评价。在1978年，地质调查局的两个科学家Dwight Crandell 和 Donal Mullineaux断定圣海伦斯最活跃的时期在4 500年前，并且在最近期间可能苏醒并且爆发。果然在1980年3月，圣海伦斯开始伴随着隆隆的声音苏醒，间歇性地往外喷发火山灰和蒸汽，并且周期性有熔岩涌出。

1980年5月18日，圣海伦斯火山喷发时的情形
（来源：USGS）

圣海伦斯火山经过1980年的喷发后崩塌了400多米，使我们能够在有生之年目睹它的巨大变化
（来源：NASA/JPL/NGA）

圣海伦斯火山在2004年再次爆发
（来源：John Pallister，USGS）

从圣海伦斯火山北面拍摄的1980.05.18火山喷发过程
（a）08:27:00 喷发前的火山
（b）08:32:37 一次地震触发火山北坡发生了滑坡和泥石流，同时，火山开始向上喷发
（c）08:32:41 开始喷发后5秒，喷发规模急剧增大，喷出物质的速度像飓风一样
（d）08:33:20 喷发接近最高潮，从开始喷发到喷发高潮，时间不到1分钟，高潮后的喷发持续可达数小时之久（据USGS的动画，截图而改绘）

皮纳托博（Pinatubo）火山

1991年6月12日，菲律宾距首都马尼拉100km的皮纳托博（Pinatubo）火山喷发。这是20世纪第二大的火山喷发，也是迄今为止发生在人口密集地区的最大的火山喷发，847人丧生。

皮纳托博火山喷发极为猛烈，30亿m^3的物质喷向天空，烟云可达35km之高。喷发后火山下降260m（来源：Dave Harlow，USGS）

皮纳托博火山口处迅速喷出的热而致命的火山灰云，冲到了十几千米的高空。卫星监视表明，高空的火山灰和有害气体扩散到世界各地，绕地球转了好几圈，使全球全年的平均气温下降0.5℃。约有2 000万吨之多的SO_2喷到高空，对全球的影响持续了至少有5年之久（来源：The McGraw-Hill Companies）

这次喷发极为猛烈，30亿m^3的物质喷向天空，烟云可达35km之高，卫星监视表明，高空的火山灰和有害气体扩散到全世界，绕地球转了好几圈，使全球全年平均气温下降0.5℃。喷到高空的二氧化硫总量估计有2 000万吨之多，火山对全球的影响至少持续5年之久。火山喷发正值台风季节，产生了巨量的火山泥石流，泥石流从火山口流出可达几十千米。火山喷出的熔岩流摧毁了途经路上的所有树木、房屋和植被，到1996年，熔岩流凝固生成的岩石温度仍高达500℃。

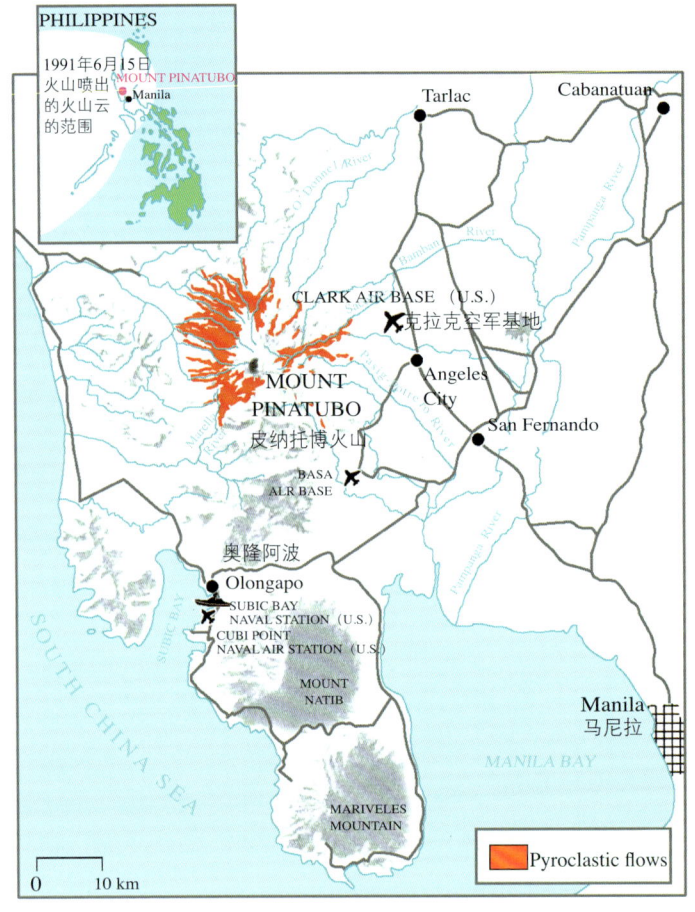

皮纳托博火山喷出的火山泥石流的范围（橙色），火山距菲律宾首都马尼拉100km左右，距美国海外最大的克拉克空军基地大约30km。火山泥石流给菲律宾这块人口最密集地区造成了巨大的灾害。这是20世纪第二大的火山喷发，也是迄今为止发生在人口密集地区的最大的火山喷发

（来源：USGS（http://pubs.usgs.gov/fs/1997/fs115-97/））

幸运的是，喷发前科学家做出了喷发预报。1990年7月16日，在皮纳托博东北方向100km 发生7.8级地震，1991年4—5月在皮纳托博山附近发生上千次小地震，接着，泉水流量大增，二氧化硫气体逸出。喷发达到顶点的前三天，即6月12日，根据皮纳托博山大量的喷烟冒气现象，菲律宾火山和地震研究所及美国地质调查局的科学家们正式发布了火山喷发预报，当局立即疏散了处于危险区的10万人，包括火山附近美国克拉克空军基地的2万名军人及其家属，所有的飞机飞往远离火山的机场，民航飞机改变航线，避开皮纳托博火山地区。采取的有效措施至少救了5 000人的生命和避免了2.5亿美元的财产损失。这是人类历史上取得巨大效果的火山喷发预报成功的例子。

1991年6月，在正式发布了皮纳托博火山喷发预报后，火山危险区内共10万人包括火山附近美国克拉克空军基地的2万名军人及其家属立刻被转移疏散。这是人类历史上取得巨大效果的火山喷发预报成功例子（来源：E.J. Wolfe，USGS）

埃亚菲亚德拉（Eyjafjaalla）火山

冰岛南部的埃亚菲亚德拉（Eyjafjaalla）火山分别于2000年3月20日和4月14日发生两次喷发。第一次喷发只有烟没有火，第二次喷发出浓烟和火焰，释放的能量是第一次的几十倍，产生了大量的火山灰，这是二战以来对贸易和旅游影响最深远的一次事件。由于火山喷发，其上空形成了大量的火山灰，弥漫在整个北大西洋地区，并开始抵达欧洲大陆。火山灰直径小于2mm，造成埃亚菲亚德拉冰川融化，附近居民撤离。

这次发生在埃亚菲亚德拉冰川附近的火山喷发，可以说是有航空史以来对航空影响最大的一次喷发，导致欧洲多个国家关闭机场和领空，因为被吸入到飞机引擎中的火山灰会黏附在引擎上，严重影响飞机的正常工作，使飞机的安全系数降低。国际航空运输协会2010年4月16日称，埃亚菲亚德拉火山喷发导致欧洲空中交通瘫痪以来，航空公司每天损失大约2亿美元。

埃亚菲亚德拉火山喷发释放出大量气体和火山灰，导致欧洲空中交通瘫痪，航空公司每天损失大约2亿美元。火山灰由非常细小的岩石颗粒组成，含有石英等坚硬的矿物，都有锋利的边角，所以摩擦性极强。尤为可怕的是，飞行员难以区分火山云团和气象云团。1982年英国的一架波音747班机在飞行时遇到了火山灰，四台发动机在很短时间内先后熄火

研究火山的意义

■ 旅游资源

地球上最壮观的景象莫过于火山喷发了，巨大的火柱直冲云霄，表现了自然灾害无与伦比的猛烈和狂暴，同时也表现了自然现象得天独厚的壮观和美丽。

火山是重要的旅游资源。世界上很有名的一些风景区很多是火山区，火山区成为当今的旅游资源和疗养胜地的热点。我国已有的国家地质公园，许多都与火山有关，如：

黑龙江五大连池世界地质公园

福建漳州滨海火山国家地质公园

云南腾冲火山国家地质公园

吉林靖宇火山矿泉群国家地质公园

广西北海涠洲岛火山国家地质公园

海南海口火山国家地质公园

黑龙江镜泊湖世界地质公园

山西大同火山群国家地质公园

吉林长白山火山国家地质公园

新疆天山天池国家地质公园等

中国的五大连池和长白山、日本的富士山、夏威夷岛的火山群、美国的黄石公园、法国的维希公园，都以其火山景观名噪于世。火山附近有大量的温泉，温泉为旅游胜地增添了新的色彩，如温泉浴、地热取暖等，像长白山温泉，最高温度达到86℃。

(a)

冰岛喷发的火山位于大西洋的洋中脊附近，可以说，整个冰岛都是在大西洋洋中脊扩展的过程中，由于扩展速度较快，岩浆不断补充，并且补充的速度很快，形成的一个露出海平面的岛。所以如果按照板块说来划分的话，冰岛是处在一个张开的、分裂的离散型板块的边界上，它和环太平洋火山地震带不同，环太平洋火山地震带是处于汇聚板块的边界上。所以这种分离型板块边界的火山喷发往往不会由于大量气体聚集而形成剧烈的爆破性喷发。这也是冰岛历来火山活动虽然频繁但是没有爆炸性危害的原因，大多是以比较宁静的溢流式火山活动为主。(a)为冰岛的火山喷发景观；(b)为冰岛火山附近的蓝湖温泉。泡温泉、敷面膜，蓝岛温泉让人容光焕发

富士山火山公园是日本最著名的旅游胜地。作为日本第一高山，富士山是举世公认的日本象征，隶属太平洋西缘的火山链之一。富士吉田火祭每年8月底举行，是富士旅游旺季的高潮活动

1631年维苏威火山喷发的绘画。维苏威火山海拔1 277m，位于意大利那不勒斯湾东岸，是欧洲大陆的一座活火山，公元79年维苏威火山突然喷发，火山灰把古代庞贝城埋没到深3~6m的地下，约2 000人遇难，占当时全城人口的1/10（引自：Guidoboni E et al., Vesuvius Before 1631 eruption, EOS, TRASACTIONS, AMMERICAN GEOPHYSICAL UNION, V87(40), 417-423, OCTOBER 2006）

美国黄石公园建成于1872年3月1日，至今已有147年历史，是美国也是全世界第一个成立的国家公园。黄石公园是世界上地热活动最壮丽的景点之一，尤其是规模庞大的间歇泉（大约有200座），其中以老实喷泉最为著名。黄石公园是近代史上喷发规模最大的火山之一，大约60万年前的火山爆发导致了一座旧火山崩塌，然而原有火山的岩浆库仍然存在，位于黄石公园下方大约6km深处，它是目前地热活动的来源。充足的降雨使其地热系统随时都充满着水。间歇泉出现在热水的地下水循环受阻之处，在地底的压力之下，水温超高却未达沸点。当热水上升、压力减小时，形成的水蒸汽能进一步向上移动，水与蒸汽喷出地面而成为间歇泉。当储备的热水用尽，喷涌随之停止。泉水喷出的时间，需视地下水系统重新蓄水的时间而定。著名的老实喷泉平均每67分钟喷出30～35m高的蒸汽水柱。每年世界上有超过百万游客来此参观游览

夏威夷，太平洋中部的一组火山岛，1959年成为美国的一个州。它对旅游、科研、太平洋海运有重要意义。常年鲜花盛开，气候宜人（来源：NASA）

夏威夷群岛位于北太平洋的中央，由东南至西北的130多个岛屿组成，它是一个绵延伸展2 400km的群岛整体。夏威夷火山国家公园位于美国夏威夷州的夏威夷岛上，面积929km²，主要包括冒纳罗业和基拉韦厄两座现代活火山，它们也是夏威夷火山国家公园闻名遐迩的显著标志。公园是1961年根据美国国会法令建立的。夏威夷火山观测站成立于1912年，坐落在公园内基拉韦厄破火山口的边缘。观测站在公园管理方面发挥着主要作用。为预测危险的地震活动，人们密切监视着地面变形，气体外逸，电、磁和重力场的变化，以及熔岩的活动。在公园里对外关闭的地区，熔岩正在大量流动。夜幕下，熊熊燃烧的熔岩不断向空中喷吐着滚滚的红色蒸气，流经乡村，冲下山坡，涌向海洋。(a) 夏威夷火山国家公园；(b) 凝固的岩浆上长出了植物；(c) 火山岛的海边；(d) 近距离观看熔岩

青藏高原广泛分布新生代火山。青藏高原的火山群主要包括阿什库勒、大红柳滩、康西瓦、可可西里、强巴欠、涌波错（湖）、木孜塔格、鲸鱼湖、多格错仁、巴毛穷宗、狮泉河等。中国大陆最新的火山喷发，于1951年5月27日发生在西昆仑的阿什火山

农业资源

火山可以给人类创造土地资源,像夏威夷群岛全是火山喷发出来的,那里现在就是土地了。太平洋中许多岛屿基本都是火山喷发形成的,而且,火山喷出的火山灰使土壤肥沃,形成了重要的农业区。远在土壤化学被了解之前,人们便已认识火山的益处。在意大利的西西里岛,埃特纳火山的低坡带早已被垦殖了几千年,在古代更是重要的农业支柱。而在印度尼西亚的爪哇岛,虽然平均每平方千米近800人,但风化的火山土壤却可以使这地球上人口密度最高地区免受饥荒。

火山在造成灾害的同时,也带来了万物赖以为生的基本元素和许多植物所需的矿物养料,火山灰是一种难得的天然肥料,如古巴、哥伦比亚、印度尼西亚的蔗糖和咖啡,韩国济州岛和意大利维苏威盛产柑橘,日本火山地区盛产桑葚,中美洲的水果很多,都与肥沃的火山土壤有关。

以葡萄酒为例,很能说明火山给农业带来的好处。传统葡萄酒生产国在欧洲(法国、意大利、西班牙、葡萄牙、德国、奥地利等),有着几百年的酿造历史。它们大多位于北纬20°~52°之间,拥有十分适合酿酒葡萄种植的气候条件(冬暖夏凉、雨季集中于冬春而夏秋干燥的气候等)。欧洲葡萄酒生产以人工为主,讲究小产区、穗选甚至粒选,讲究年份差异。尽管质量上乘,但产量较为局限。

随着对葡萄酒需求的增加,出现了一批新兴的葡萄酒生产国,包括南非、美国、智利与阿

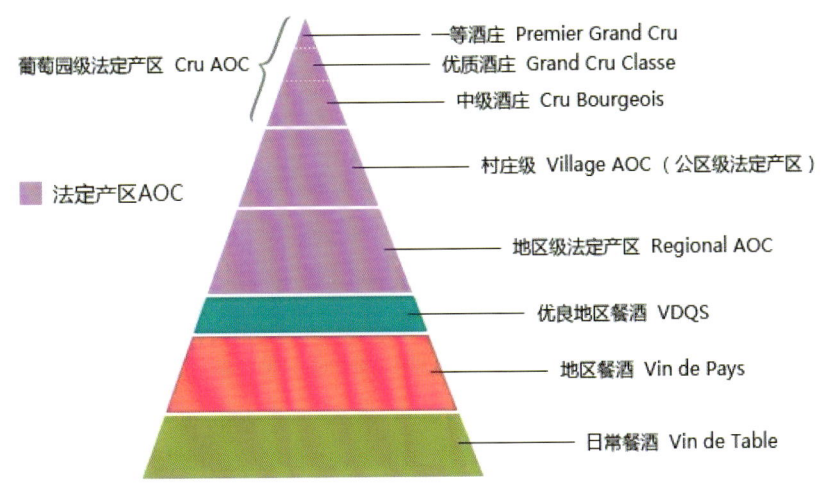

传统葡萄酒生产国在欧洲（法国、意大利、西班牙、葡萄牙、德国、奥地利等），有着几百年的酿造历史。现在葡萄酒的质量评价体系都是这些传统生产国制定的

根廷、澳大利亚与新西兰等。在这些新兴的产酒国，葡萄酒以工业化生产为主，强调的是更多的科技创新和品质控制，产品之间品质差距不大。

新兴葡萄酒对于大多数人来说，其性价比远高于传统的葡萄酒，市场占有率越来越高。

有趣的是，新兴葡萄酒的产地，全部是火山地区（与纬度关系不大），当你喝葡萄酒的时候，不要忘记火山的作用。

火山灰地区建立的大规模葡萄种植园，成为新兴葡萄酒的产地

矿产资源

由火山作用形成的矿产资源是很多的,包括非金属资源和金属资源。非金属资源就是火山喷发物,随便哪种火山岩石几乎都有用,有些玄武岩可作为铸石来开发,像长白山产的浮石、火山灰和火山渣都是很好的建筑填充材料,用于修高级机场、体育场等。还有很多矿产跟火山喷发有关系,人们比较感兴趣的就是宝石了,有些宝石就是火山喷发出来的。很多矿产资源,包括一些金矿、铜矿等都跟火山作用有关系。火山将地下丰富的物质带到地表,为我们提供了许多矿产资源,同时,还为我们提供了丰富的清洁能源。

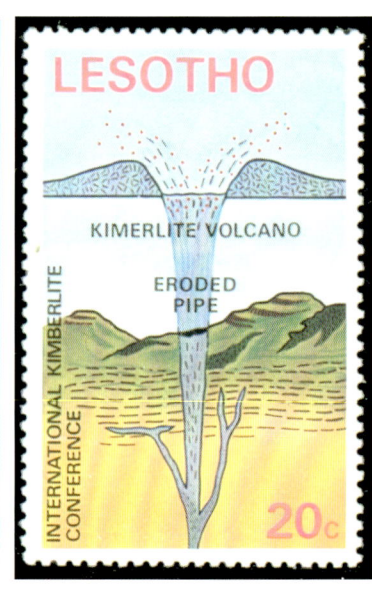

目前人们用钻井的方式最深能采集到地下12km的物质,而火山能将地下40~900km的物质带上地面,是地球深部的探针(徐义刚先生提供)

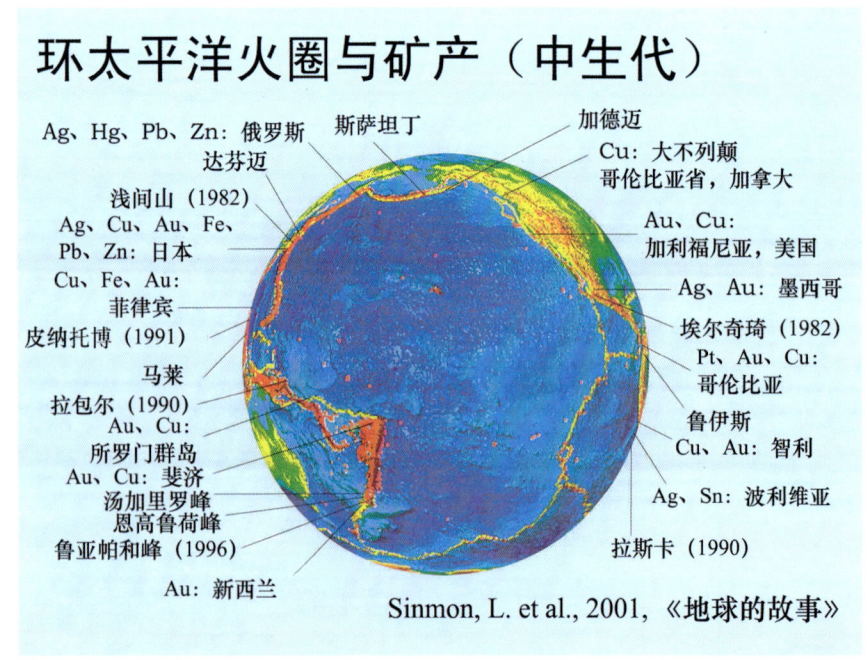

火山从地球深部带来了地球浅部缺少的元素。这些矿产多分布在环太平洋火山带(徐义刚先生提供)

Ag(银);Hg(汞);Pb(铅);Zn(锌);Cu(铜);Au(金);Fe(铁);Sn(锡);Pt(铂)

冰岛——世界上第一个全部使用可再生的清洁能源的国家；西藏火山地区的温泉为地方经济发展提供了大量的能源

主要的地热能源生产国

国家	产量/MW	占全球产量百分比/%
美国	2 228	27.9
菲律宾	1 909	23.9
意大利	785	9.8
墨西哥	755	9.5
印度尼西亚	589	7.4
日本	547	6.9
冰岛	170	2.1

目前地热提供的能量低于世界上每年需求能量的0.02%。除冰岛外，大部分的产能都位于火山活动的太平洋边缘。（资料来源：Smithsonian Institute, Earth, 2005.）

■ 科学价值——地球深部的探针

火山是探视地球内部的窗口，它将地下丰富的物质和信息带到地表，为科学工作者研究和了解地球内部组成和深层结构提供了必要的物质基础。因此，有人把火山形象地比喻为地球深部的探针。右图是国际空间站拍摄的阿留申的Cleveland火山喷发照片，从照片可以看出，喷出的火山物质可以到达几十千米的高度，随高空气流可以扩散到广阔的区域。这种火山喷发是整个地球上的大事件，影响到地球的环境变化，也影响到地球上的生物演化。

大约在2.5亿年前（地质学称为二叠纪末期），在西伯利亚，一座超级火山喷发了。超级火山的力量远非今天的火山可比拟，地质学家们估计，喷发出来的炙热玄武岩岩浆覆盖了270万km^{2}的土地，当年的玄武岩岩浆冷却变硬后，仍有100万km^{2}留存至今。现在还不清楚，导致这片岩浆之海的到底是一次短期的喷发，还是持续很长时间的喷发。

大规模的火山喷发，释放了大量的高反射率的硫颗粒，这些硫颗粒能长期悬浮在大气中，反射阳光，使气候迅速变冷。来自西伯利亚的超级火山的熊熊烈焰居然开启了一次短暂的冰期，这确实令人出乎意料。但超级火山的喷发，释放出大量的气体，其中包括二氧化碳和甲烷等温室气体。科学家们估计其排放量可达43万亿吨的碳（Jonathan L ei al., PNAS 107:85 43-48）。由于甲烷是一种很强的温室气体，这样大的排放量，地球的升温效果可想而知了。因此，二叠纪冰川来也匆匆，去也匆匆，在一片前所未有的温室效应中结束。这种大气和气候的剧烈变化，让大多数生物难以承受，生物的种类急剧减少，这就是地

国际空间站拍摄的阿留申的Cleveland火山喷发的情景,喷出的火山物质可以到达几十千米的高度,随高空气流可以扩散到广阔的区域。这种火山喷发影响到地球的环境变化,也影响到地球上的生物演化

1994年9月30日,航天飞机拍摄的俄罗斯克柳切夫火山(Kiuchevskoi Volcano)的喷发图像,喷发的云柱升到海平面以上20km的高空,风将火山灰吹到东南1 000km远的地方(资料来源:NASA)

球历史上著名的生物大灭绝事件。

　　地球历史上有过多次的生物灭绝事件,二叠纪大灭绝的特别之处在于,它几乎波及每种类型的生物,而反观其他大灭绝,要么只灭绝海洋生物,不打击陆地生物;要么只毁灭动物,不打击植物。只有二叠纪大灭绝才是一场全面的大灭绝。

　　超级火山排出了令人难以想象的大量的碳,那个事件生成的岩石中含碳值异常得高,90%的海洋物种和70%的陆地物种都灭绝了。这场浩劫如此彻底,以至于我们能在这个时期的岩层中看到一个"煤层空白期",植物死亡后可以形成煤,但在大灭绝后的1 000万年里,残存下来的植物少得可怜,根本无力形成化石燃料。

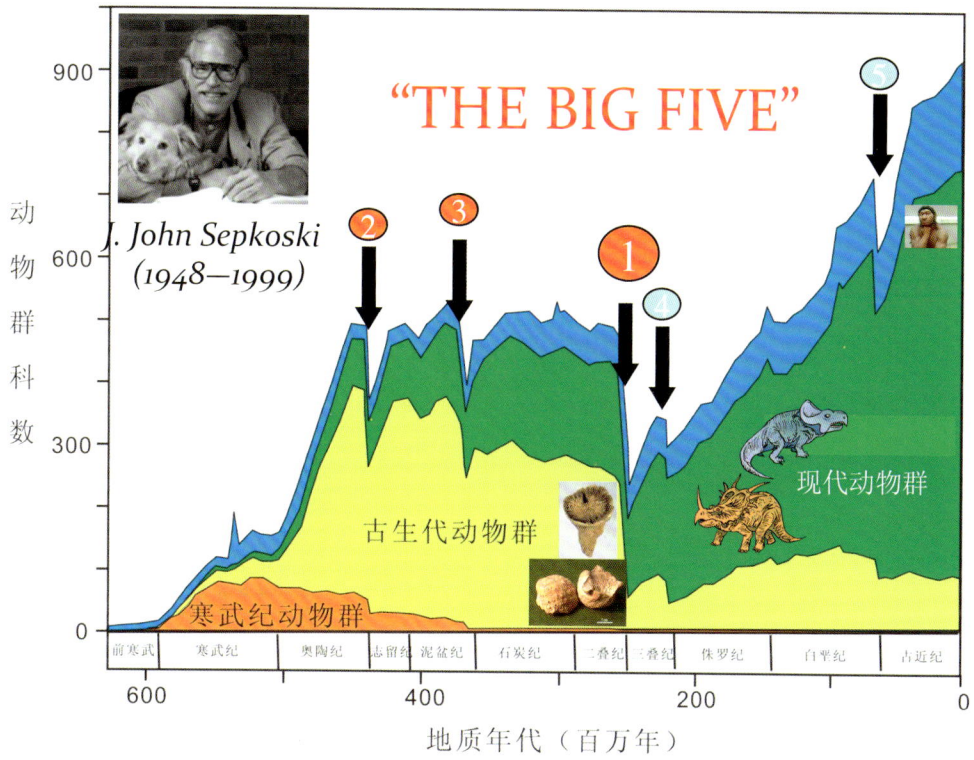

地球的历史上，曾经发生过动物群科数急剧减少的5次生物灭绝事件，其中最严重的一次发生在2.5亿年前（图中的编号为1，地质术语：二叠纪末期），地球上消失了95%的物种。这次生物灭绝事件，是西伯利亚的超级火山喷发引起的（俄罗斯北部，西伯利亚高原中心）。西伯利亚暗色岩高原形成的时间，恰与地球史上最大的一次二叠纪至三叠纪的灭绝时间吻合。有人认为如此剧烈的喷发足以影响全球气候、阻碍植物生长、严重干扰食物链。火山活动是影响整个地球历史、环境变化和生物演化中的重要因素（徐义刚提供）

　　火山是地球演化中的重要事件，它是联系地球内部过程与地表演变的纽带。

　　对地球上的生物而言，火山及其衍生物极为重要，没有它们，就不会有地表水的形成，生命便无法演化。火山活动也促使地壳内部的矿物与熔融金属冒出地面，使肥沃土壤得以孕育。

　　地球并非唯一一个拥有火山的星球。我们对太阳系探索的越多，我们就越发现火山现象的普遍性，其中有一些火山甚至将会让我们地球上最大的火山相形见绌。月球上的火山是死火山：它们早在数百万年乃至数亿年前便已经停止了喷发，而且基本上未来也不会再次出现活动，从演化角度，月球是一个"死亡"的天体。1990年"麦哲伦号"航天器带回来的资料表明：金星上似乎存在着活跃的火山活动。星球上的火山活跃历史，是星球演化的重要时间记录。火山研究也成为了空间科学的一项研究内容。

中国的火山

近50年来，中国几乎没有火山喷发，所以很多人感觉中国好像没有火山似的，其实中国在历史上也是个多火山的国家，特别在东部地区。如著名的黑龙江五大连池、镜泊湖；吉林的长白山、龙岗；内蒙古的哈拉哈、汉诺坝；山西的大同；山东的蓬莱；江苏的六合；安徽的嘉山；福建的明溪；台湾的基隆；海南的琼北；云南的腾冲等。在青藏高原地区，不同规模的火山活动更为常见。

中国大陆的活火山分布。长白山：1668、1702年喷发；五大连池火山：1720、1721年喷发；腾冲火山：1609年(?)喷发；琼北火山：1883年(?)喷发（图片来源：洪汉净）

长白山天池火山

长白山天池坐落在吉林省东南部,是中国和朝鲜的界湖。湖的北部在吉林省境内。它是由长白山火山爆发喷出的大量物质堆积在火山口周围所形成的湖泊。据史籍记载,自16世纪以来,它爆发了3次(至少1668年和1702年两次天池火山喷发是可信的)。火山喷发出来的熔岩物质堆积在火山口周围,形成了屹立的16座山峰,其中7座在朝鲜境内,9座在中国境内。

(a)

(b)

(c)

长白山天池火山位于日本俯冲带在上地幔滞留带上方,由于俯冲诱发对流,软流圈介质上升而出现降压熔化,形成地幔岩浆系统,引起长白山火山活动,目前俯冲及其深震仍然活动。(a) NASA拍摄的长白山火山的雪景;(b) 火山全景照片(中国地震局火山研究中心提供);(c) 长白山天池火山公园的游客群

长白山天池海拔2 194m,是我国最高的火山湖。它大体上呈椭圆形,面积9.82km^2,平均深度为204m,最深处373m,是我国最深的湖泊,总蓄水量约达20×10^8m^3。

专家们认为,长白山是一座休眠的活火山,至今已休眠了300多年,而世界上休眠数百年再次喷发的火山并不少见,因此长白山天池也具有再次喷发的危险。长白山火山的喷发形式为爆炸式,天池20×10^8t水的存在,使喷发具有更大的破坏性。中国地震局在长白山天池建立了火山监测站,从目前的观测结果看,尚没有发现火山复苏的征兆,人们可放心地领略大自然赐予长白山天池的丰富资源和优美景观。

火山喷发一般都有前兆。大喷发之前一般先会山体陡升，出现震群活动；临近喷发时往往会喷气，同时伴随岩浆的上升，会发生大量的小地震活动。这些前兆对于准确预报火山喷发很有用。美国的圣海伦斯火山和菲律宾的皮纳托博（Pinatubo）火山的喷发都被成功地预报，迁移了当地的居民，减少了人员伤亡和财产损失。中国的火山监测工作开始于20世纪末。在长白山、五大连池和腾冲等地都建立了地震台网和地球化学监测网，对火山地区的喷气和地震活动进行连续的监测，以便在喷发之前做出预报。

但是，千万不要以为火山喷发预报的科学问题都完全解决了。和其他自然灾害的预测与预报一样，预测明天的事情，对于科学来讲，都是一个永恒的挑战。1991年日本云仙（Unzen）火山出现了喷发的前兆，按照过去的经验，判断火山可能在几天后喷发。法国著名火山学家兼摄影师Maurice和Katic Krafft很快赶到云仙火山。他们俩曾给全世界提供过许多扣人心弦的火山喷发的照片和电影录像。他们带领一批记者进入到离火山口3km的地方。未曾料到的是，云仙火山中缓慢生长的熔岩穹隆突然破裂成火山碎屑流，共有43人在火山喷发中遇难。

法国火山学家克拉夫特夫妇（Maurice and Katic Krafft)因拍摄火山泥石流而著名。1991年，两人在拍摄云仙火山时，遭突发的炙热火山碎屑流袭击，不幸身亡

1991年6月3日下午,日本云仙(Unzen)火山喷发,发生大规模的火山碎屑流,在离火山不远处的国际火山研究站工作的多名外国科学家遇难

云南腾冲火山

腾冲火山群为我国西南最典型的第四纪火山，是世界上最年轻的新生代休眠火山群，也是我国的火山锥、火山口、火山湖保存最完整、最壮观的火山群。据不完全统计，在众多火山锥中，喷口保存最完好、具有观赏价值的火山锥23座，被誉为"火山地质博物馆"。

圆锥形的腾冲火山群，肥沃的火山灰使得火山附近的植被格外茂盛。腾冲是我国著名活火山、地热地区，有68座火山锥和139处温泉，热海地区的水温在100℃左右。《徐霞客游记》中记载1609年打鹰山火山喷发；李根源的《烈遗山记》中描述的"腾冲多火山，志载明成化、正德、嘉靖、万历年间（公元1465—1620年）火山爆发多次"，说明几百年来腾冲火山有过喷发

腾冲的"大滚锅温泉"。腾冲温泉甲天下,而"大滚锅温泉"则是温泉之王,其温度之高,压力之大,蒸汽之盛,实为国内罕见。"大滚锅"水深1.5m,有三个喷水口,出水口温度达97℃,涌水量约为每秒1升。公元1639年,明代旅行家徐霞客看到了"大滚锅温泉",他写道:"水与气从中喷出,风水交迫,喷若发机,声如吼虎,其高数尺,坠涧下流,犹热若探汤。"

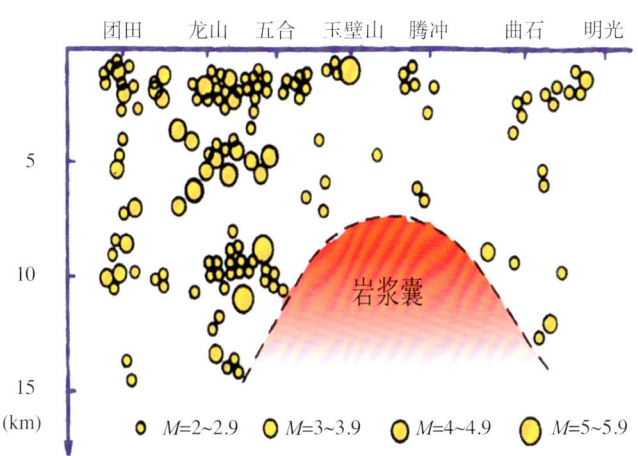

腾冲火山的地震剖面与可能的岩浆囊,地球物理多种方法探测腾冲下方存在着馒头状的岩浆囊(来源:姜朝松等,东北地震研究,6(3),55-62,1990. McNutt, S. R., Seismic monitoring and eruption forecasting of volcanoes: a review of the state-of-the-art and case histories, In Monitoring and mitigation of volcano hazards, (eds Scarpa, R. and Tilling, R. I.). Berlin: Springer, 1996)

柱状节理。火山喷发时未露出地面的快速冷凝的玄武岩岩浆,由于内部可能出现如橄榄石、辉石、斜长石等矿物生长造成的冷凝中心,岩浆向冷凝中心收缩,在垂直岩浆冷却面上形成裂隙面,这种原生的裂隙分割岩石,形成柱状节理。形成于3.4万年前的腾冲曲石乡的玄武岩柱状节理,面积约1.5km^2,是我国迄今为止发现的规模最大、保存完整、年代最近的柱状节理。(a) 腾冲火山柱状节理;(b) 其他一些火山地区的玄武岩柱状节理

(b)

黑龙江五大连池火山群

五大连池火山是我国记载最为详尽的火山。康熙59年（公元1719年），吴振臣在《宁古塔纪略》中记录了五大连池喷发的情景："……离城东北五十里，有水荡，周围三十里，于康熙五十九年六、七月间，忽烟火冲天，其声如雷，昼夜不绝，声闻五、六十里，其飞出者皆墨石硫磺之类，经年不断。……热气逼人三十余里。"喷溢出的熔岩流流经火山附近的河流，截为五段，形成了五个熔岩堰塞湖。这五个湖大小、深浅不同，但断续相连，故被称为"五大连池"，并称为中国东北部著名的火山群，与中国西南部著名的腾冲火山群遥相呼应。

五大连池世界地质公园位于黑龙江省五大连池市，主要地质遗迹类型为火山地质地貌。图为黑龙江五大连池及其周围的火山群，它也是我国第一个火山群自然保护区。五大连池火山群由老黑山、火烧山、药泉山、卧虎山、笔架山、格拉球山、龙门山、焦得布山等14座火山组成，是典型的单成因火山。火烧山最新的喷发时间是公元1721年。那里的火山地貌丰富多彩，最突出的是喷气锥，还有优质的矿泉，已成为世界火山地质公园（来源：中国地震局火山研究中心（http://www.volcano.org.cn/zhongguohuoshan/wudalianchi.htm））

五大连池中的老黑山火山口。老黑山是14座火山中最高的一座,直径350m,深度140m,喷发时间为1720年(图片来源:中国地震局火山研究中心)

思考题

1. 岩浆从地下流到地上的方式有时是猛烈喷发，有时是慢慢流出，什么因素决定岩浆喷发的猛烈程度？

2. 火山喷出的物质大概有几种？

3. 世界上最大的火山喷发喷出的岩浆有多大的体积？如果北京的水源地密云水库的库容是$2.5km^3$的话，请将喷出岩浆的体积和密云水库的库容作比较。

4. 为什么火山口在地图上多是链状排列的？

5. 火山喷发能预测吗？如何预测？

6. 火山喷发能影响人类生存的环境，人类活动能影响火山喷发吗？

7. 火山对人类有哪些好处？

与火山有关的网站

http://www.volcano.si.edu/gvp/usgs/火山学基本知识和最新火山喷发信息
www.nps.gov/havo/home.htm美国国家公园署
www.geology.sdsu.edu/how volcanoes work圣地亚哥州立大学地质系
www.ssd.noaa.gov/VAAC美国国家海洋和大气管理局
www.nrcan.gc.ca/gsc/pacific/vancouver/volcanoes加拿大自然资源部
volcanoes.usgs.gov美国地质调查局
www.educeth.ch/stromboli苏黎世联邦高等理工学院
volcano.und.edu北达科他大学
www.volcano.org.cn中国火山网
www.chsvo.ac.cn长白山火山监测研究站

致谢

中国地震局震害防御司、中国地震局科学技术委员会、地震出版社在创作和出版过程中给予了多方帮助和大力支持,作者对此表示衷心的感谢!